计算机基础课程教学模式的创新研究

崔天明　著

延边大学出版社

图书在版编目（CIP）数据

计算机基础课程教学模式的创新研究 ／ 崔天明著

. -- 延吉：延边大学出版社，2022.10

ISBN 978-7-230-04124-9

Ⅰ . ①计⋯ Ⅱ . ①崔⋯ Ⅲ . ①电子计算机－教学研究
Ⅳ . ①TP3-42

中国版本图书馆 CIP 数据核字(2022)第 202371 号

计算机基础课程教学模式的创新研究

著　　者：崔天明
责任编辑：乔双莹
封面设计：正合文化
出版发行：延边大学出版社
社　　址：吉林省延吉市公园路 977 号　　　邮　　编：133002
网　　址：http://www.ydcbs.com　　　　　E-mail：ydcbs@ydcbs.com
电　　话：0433-2732435　　　　　　　　传　　真：0433-2732434
印　　刷：廊坊市广阳区九洲印刷厂
开　　本：787×1092　1/16
印　　张：10
字　　数：200 千字
版　　次：2022 年 10 月 第 1 版
印　　次：2022 年 10 月 第 1 次印刷
书　　号：ISBN 978-7-230-04124-9

定价：68.00 元

前　言

随着我国信息化建设进程的加快，高校计算机教学成为社会各界关注的重要话题。为了满足时代的发展需求，为国家培养更多优秀的计算机人才，高校计算机基础应用教学改革成为必然趋势。在信息时代的背景下，高校应全面提高学生的计算机操作水平，使计算机基础教育迈向一个全新的阶段。

计算机基础应用教学改革与发展离不开教学资源支撑。因此，创设良好的教学环境、对教学优势资源加以充分利用，对计算机基础应用教学而言至关重要。因此，高校应大力支持计算机教学基础设施建设，增加机房与硬件设备的经费投入，围绕多层次的网络教学环境进行建设。

此外，教师资源优化对计算机基础应用教学改革而言也具有重要意义。为了加强教师队伍建设，提高教师的综合素质，必须制定合理的培养计划，为计算机教师提供更多进行专业学习的机会与平台，促使他们转变教育理念，提高计算机专业教育的实践能力，从而在计算机基础应用教学中作出更大的贡献。

在撰写本书的过程中，笔者借鉴了一些相关著作和研究成果，在此向相关作者表示衷心的感谢！由于笔者水平有限，加之时间仓促，书中难免存在一些不足之处，恳请前辈、同行以及广大读者斧正。

崔天明

2022 年 8 月

目　　录

第一章　计算机基础教育概述

高校非计算机专业计算机课程（即高校计算机基础教育）已经发展了数十年，成为我国高等教育教学的重要组成部分。它以培养学生应用计算机技术解决实际问题的能力为目标，面向占全国大学生 95% 以上的非计算机专业学生，使之成为在各自的专业领域熟练掌握计算机应用技能的复合型人才。

第一节　计算机的发展历程

计算机的发展日新月异，从 1946 年第一台电子计算机诞生至今虽然只有七十多年的时间，却经历了电子管、晶体管、集成电路、大规模集成电路、超大规模集成电路五代的变化，其影响遍及人类社会活动的各个领域。

一、第一代电子管计算机

第一代计算机为电子管计算机。1946 年，美国宾夕法尼亚大学莫尔学院电机工程系和阿伯丁弹道研究实验室研制成功世界上第一台全自动通用型电子计算机。该机重约 30 吨，长达 30 米，占地 170 平方米，共用 18 000 个电子管，700 只电阻和 10 000 只电容器，每秒运算 5 000 次，耗电 150 千瓦。建造该机的目的是计算炮弹及火箭、导弹武器的弹道轨迹。这个时期的电子计算机以电子管为主要元件，整机围绕中央处理器设计，采用磁芯、磁鼓或延迟线作存储器，软件方面主要使用机器语言和汇编语言，应用范围主要是科学计算，其缺点是造价高、体积大、耗能多、故障率高。

二、第二代晶体管计算机

第二代计算机为晶体管计算机。1947年，美国贝尔实验室研制出晶体管。1958年，美国麻省理工学院研制出晶体管计算机，揭开了第二代计算机的序幕。这个时期的计算机以晶体管为主要元件（晶体管的尺寸只有电子管尺寸的百分之一，其寿命和性能却提高了一百倍），整机围绕存储器设计，采用磁芯作存储器。此时，计算机的速度已提高到每秒几十万次，内存容量也提高不少，机器造价变低，体积及重量变小，耗能变少。软件方面开始出现高级程序设计语言，出现了多道程序的操作系统。应用范围从军事转向民用。另外，计算机的实时控制功能在卫星、宇宙飞船、火箭的制导上发挥了关键的作用。这时的计算机已经在工业自动控制和事务管理中发挥其效能。

三、第三代集成电路计算机

第三代计算机为集成电路计算机。1952年5月，英国雷达研究所提出了"集成电路"的设想。1957年，英国普列斯公司与马尔维尔雷达研究所合作，在 6.3 mm×6.3 mm×3.15 mm 的硅片上成功研制出触发器。1958年，美国得克萨斯州某仪器公司研制出振荡器。在数字、模拟集成电路均已出现的背景下，1964年，国际商业机器公司（International Business Machines Corporation，简称 IBM 公司）推出了 IBM-360 型计算机，这标志着计算机跨入了第三代。这个时期的电子计算机以集成电路为主要元件（集成电路的尺寸只有晶体管尺寸的百分之一），出现了大型主机的终端概念。这时的计算机速度已达到每秒亿次。软件方面出现了实时操作系统和分时操作系统。第三代计算机和通信网络相结合，构成联机系统，实现远距离通信。

四、第四代大规模集成电路计算机

第四代计算机为大规模集成电路计算机。1967年，大规模集成电路问世。1970年，英特尔公司实现了把逻辑电路集成在一块硅片上的设想，在 $1.524\,cm \times 2.032\,cm$ 的面积上摆下了2 250个晶体管。1971年，英特尔公司首次推出了微处理机MCS-4，这标志着第四代计算机的开始。1974年，8位微处理机问世。1981年，英特尔公司推出了32位机。此时，计算机的发展开始向巨型化和微型化两极发展。这个时期的电子计算机不仅逻辑电路采用了大规模集成电路，内存也采用了集成电路。由于集成度更高，出现了微型机概念，软件更加丰富，操作系统进一步发展，出现了数据库系统。应用领域为飞机和航天器的设计、气象预报、核反应的安全分析、遗传工程、密码破译等，并开始走向家庭，从事家务收支结算、游戏、学习等。

五、第五代智能计算机

20世纪80年代以来，许多国家开始研制第五代智能计算机，这一代计算机把信息存储、采集、处理、通信和人工智能密切结合在一起，能理解自然语言、声音、文字和图像，并具有形式推理、联想、学习和解释能力。

第二节　计算机基础教育的发展历程

高校计算机基础教育始于20世纪70年代末，在50余年的时间里经历了起步、发展和普及三个阶段，伴随着我国出现的三次计算机普及高潮，成功地进行了两次深入的教学改革。

一、起步阶段（20 世纪 70 年代末至 1990 年）

20 世纪 70 年代末，随着我国的改革开放，国外先进的技术和方法不断涌入国内，学习和使用计算机成为各行各业的迫切需要。当时，很多西方国家已在全社会普及计算机应用，而在中国，高校内只有计算机专业的学生在学习计算机课程，大部分大学毕业生仍然是"计算机盲"。在这样的形势下，部分高校率先对大学教师进行业务培训，其后许多理工类大学陆续开设了面向非计算机专业大学生的计算机课程，开始了计算机基础教育的起步阶段。伴随着 IBM PC 以及与之配套的 DOS 操作系统、适合 PC 的 BASIC 语言和 dBASE 数据库等的出现，掀起了第一轮计算机基础的学习热潮。早期的计算机基础教学主要介绍计算机的发展简史、硬件基础知识和算法语言等，高校非计算机专业学生、部分科技和管理人员以及部分大城市的中学生是主要的学习对象。可以看到，在此阶段，是应用需求推动了计算机教育在全国的普及。

1984 年 2 月，邓小平同志在上海展览中心观看青少年计算机操作表演时，发出"计算机的普及要从娃娃抓起"的号召。同年 10 月，诞生了全国高等院校计算机基础教育研究会（以下简称"研究会"），它以研究和推动非计算机专业的计算机教育为己任，研究会的成立宣告中国有了专门研究和推动高等院校计算机基础教育的学术组织。

1985 年，研究会在全国首次提出高等院校计算机基础教育的四个层次（如表 1-1 所示），全面规划了高等院校计算机基础课程，成为当时大多数高等院校的计算机基础课程设置依据。

表 1-1　高等院校计算机基础教育的四个层次

第一层次	计算机基础知识和微机系统的操作使用
第二层次	高级语言程序设计
第三层次	软硬件知识进阶
第四层次	结合各专业的计算机应用课程

1986 年 4 月，教育部在北京香山成立了"高等院校非计算机专业计算机课程教材评审组"，我国正式开始了高等院校计算机基础课程教材的编写和出版工作。

社会各界的迫切需求和积极参与是计算机普及的不竭动力，各类计算机教育相关团体也为计算机教育走向正轨贡献了力量。

二、普及阶段（1991 年至 2000 年）

这一阶段，计算机软硬件都有了重大突破，奔腾系列芯片的诞生，基于图形化的操作系统和应用软件的开发，以 Internet 为代表的网络技术的应用，使得计算机成为既便于使用也更加实用的工具，全社会开始了新一轮的计算机普及与应用高潮。计算机基础教育渐渐由工科扩展到理科，同时，计算机也走出了高等院校和科研院所，很多企业管理人员、公务员也开始关注计算机。

国家开始重视计算机基础教育的发展，国家教育委员会（以下简称"国家教委"）在 1990 年年初建议成立非计算机专业的计算机课程指导委员会。同年 12 月，成立了工科计算机基础课程教学指导委员会，1995 年成立了文科计算机教育指导小组。1993 年，国家教委考试中心开始组织《全国计算机等级考试大纲》的编写工作，同年 12 月考试大纲及题型示例通知基本定稿，次年 11 月全国计算机等级考试首次在全国 17 个城市进行笔试，宣告了中国首个面向全社会非计算机专业人士的计算机应用知识与技能水平考试体系建立。1996 年，为了科学、系统地培养应用型信息技术人才，国家教委考试中心正式发布全国计算机应用技术证书考试及其教材。同期，全国各地的计算机基础教育研究会也顺势而起，为计算机教师提供了交流切磋的平台，为高等院校计算机基础教育的发展作出了极大的贡献。

1997 年，教育部高等教育司发布了《加强非计算机专业计算机基础教学工作的几点意见》，确立了计算机基础教学的"计算机文化基础、计算机技术基础、计算机应用基础"三个层次的课程体系，同时，规划了"计算机文化基础""程序设计语言""计算机软件技术基础""计算机硬件技术基础"和"数据库应用基础"五门课程及教学基本要求。这份纲领性文件引导了中国计算机基础教育第一次教学改革，明确了计算机基础教学的改革重点是课程体系、教学内容和教学方法。

与上一阶段有所不同的是，这一阶段计算机基础教育有了以下进步：首先，经过多年的实践探索，计算机基础教育的教学内容和教学体系逐渐成熟，从过去的四个层次到三个层次，并且课程按专业分类，更加具有针对性，由于普及对象不断扩大，在教学内容上也更加贴近学习者的需求，在程序设计之外更为凸显计算机基本知识的重要性；其次，多媒体技术、计算机辅助教学技术走进课堂，既冲击和改变着传统的教学模式，也深刻地影响着计算机基础教育的发展；最后，20 世纪 90 年代末期至 21 世纪初期，在北京香山举行的全国少儿 NIT 教学与考试研讨会，以及面向全国观众播放的《计算机应用软件电视讲座》和《迎接新世纪——计算机新技术技能培训电视讲座》，进一步推动了计算机基础教育在全社会的普及。

三、成熟阶段（2001 年至今）

千禧年之际，中国承办了第十二届国际信息学奥林匹克竞赛，再次激起了全社会，特别是青少年学习现代科学技术的热情。这一阶段，全社会都强烈意识到信息技术改变了人类的生活和生产方式，计算机基础教育由此进入蓬勃发展阶段。

2002 年，研究会和清华大学出版社共同成立了"21 世纪计算机基础教育改革课题组"，并于两年后（2004 年）在研究会成立 20 周年之际，发布了《中国高等学校计算机基础教育课程体系 2004》（俗称"蓝皮书"）。蓝皮书是一个十分重要的文件，它明确了计算机基础教育应当坚持面向应用的方向，根据应用需要设置课程和选择教学内容，进一步总结从应用角度构造课程体系的经验，同时，确立了分层教学的理念，为不同领域多模式的计算机基础教育提供了可供选择的空间。

2006 年 5 月，教育部高等教育司和高等学校计算机基础课程教学指导委员会（以下简称"教指委"）发布了《关于进一步加强高校计算机基础教学的意见暨计算机基础课程教学基本要求》（俗称"白皮书"）。白皮书的发布开启了中国计算机基础教育的第二次教学改革，它明确提出了进一步加强计算机基础教学的若干建议，确立了计算机基础教学知识结构的总体构架，构建了"1＋N"的课程设置方案（"1"指第一门课程，

"N"指若干门后续核心课程），并将"大学计算机基础"作为第一门课，同时设置了6 门核心课程。此项改革促进了计算机基础教学不断向科学、规范、成熟的方向发展。之后，在此基础上出版了《高等学校计算机基础教学发展战略研究报告暨计算机基础课程教学基本要求》，进一步完善了计算机基础教学的知识结构和课程设置方案，并设置了各专业大类核心课程的教学基本要求，进一步加强了对全国高等院校计算机基础教学的指导作用。

2007 年，研究会第十五次学术年会举行了隆重的《中国高职院校计算机教育课程体系（CVC 2007）》发布仪式，发布了中国高职院校有史以来涉及计算机教育的第一个全面系统的指导性文件，这是研究会全体会员实践与智慧的结晶，对中国职业教育的发展起到重要的推动作用。

第三次计算机普及浪潮伴随着第二次计算机基础教育教学改革，以网络和信息技术为突破口，向一切有文化的人普及计算机的知识和应用技能。该阶段的特点如下：一是由于社会迫切要求提高学生利用信息技术解决专业领域问题的能力，计算机基础教育逐渐同其他学科交叉融合；二是计算机基础教育在高等院校的地位得到巩固，许多院校纷纷成立了计算机基础教学部，改善了教学条件，稳定了师资队伍，提高了教学质量。

第三节　计算机基础教育的发展现状

信息技术的飞速发展，必然带动计算机基础教育内容的不断更新。我国高校计算机基础教育的发展现状主要体现在以下几个方面。

一、计算机基础教育的滞后

（一）教学内容滞后

计算机基础课程是高校的公共基础课程，是根据教育部制定的教学大纲的要求开设的，是任何一名大学生都必须学习并接受考查的必修课。但现在，全国一些高校的计算机基础教育仍处于信息技术基础知识和技能的普及层面。

（二）课程目标和评价手段滞后

近年来，几乎所有高校学生都参加了由各省市组织的面向高校非计算机专业学生的计算机等级考试，某些院校甚至直接用等级考试大纲代替信息技术基础教学大纲，但统一的考试大纲限制了教学内容的更新，一个考试大纲从制定到实施需要一个较长的周期，并且一旦执行就需要一个相对稳定的运行期，这就很难适应计算机技术飞速发展的现实。另外，等级考试难以满足不同专业对计算机基础教学的需求。

（三）师资队伍建设滞后

随着计算机技术的高速发展，该学科的知识总量每三年翻一番，与其他课程相比，知识更新的速度快得多，对教师的要求高。为了适应社会的需要，教师必须不断充电，及时跟上信息技术发展的步伐。而目前大多数高校从事计算机基础教学的教师构成如下：一部分是由其他专业（如数学、物理、电子等）根据当时学校的教学需要改学计算机后从事计算机基础教学的老教师；一部分是学校成立专门的计算机基础教育教学单位后引进的教师，这部分教师大多是相近专业毕业并在大学选修了计算机方面的课程；一部分教师是计算机专业毕业的，该部分教师的特点是比较年轻。年长一些的教师知识更新慢、学习新技术感到吃力，而一些年轻教师则忙于职称评定等事宜，知识更新不及时。多数高校对从事计算机基础教学的教师没有制定有效的进修和培训计划。

（四）教学手段和方法滞后

计算机基础教学经历了黑板加粉笔、计算机加大屏幕到现在的网络化教学平台的发展历程。但目前普遍采用的教学手段依然是计算机加大屏幕。这样，在教学过程中，一方面是现有的网络资源并未得到充分利用，仍然不能摆脱以教师讲课为主的教学模式；另一方面是全面支持教学各环节的网络教学平台建设，在网络环境下开展教学所需的网络教学资源配置，以及开展网络教学所需的服务都有待加强。

二、计算机基础教育深化改革对策

（一）构建新的计算机基础教育的课程体系

高等教育涉及的学科门类较多，由于不同门类之间的差别很大，因此我们不能简单地按同一方案、同一大纲进行计算机基础教学。鉴于高校不同的办学层次及专业对计算机课程的不同需求，统一的计算机基础教学课程设置已不适应新形势发展的需要。各高校对不同类型的人才培养目标，也需要不同的计算机课程与之相适应。计算机基础教学需要按照不同的教育层次、不同的培养类型、不同的学科门类设置不同的课程体系。为了更好地指导高校各类专业计算机基础课程的设置，教育部高等学校非计算机专业计算机基础课程教学指导委员会提出了计算机基础课程主要教学内容的四个领域和三个层次，即计算机系统与平台、计算机程序设计基础、数据分析与信息处理、信息系统开发四个领域，四个领域均涉及相关的基本概念、技术与方法，以及对非计算机专业学生来说更为重要的基本应用技能三个层次。

（二）加强高素质的师资队伍建设

为了适应社会对高校毕业生的更高要求和信息技术飞速发展的新形势，计算机基础教学工作对教师的计算机专业知识与应用水平也提出了更高的要求，高素质的师资队伍建设将是今后计算机基础课程建设与改革的关键。为了使从事计算机基础教学的教师真正适应教学要求，应注意以下几个方面：一是要提高师资队伍的层次，即积极引进高学历的青年教师；二是要提高在岗教师的专业素质，尽可能地组织和鼓励在岗教师积极参与科研项目和应用系统开发课题，尽可能地为在岗教师的业务进修、外出考察和学习提供机会，使他们不断更新知识，拓宽知识面；三是要注意计算机基础教育教师、计算机专业教育教师和各应用专业教师相结合，即鼓励从事计算机基础教学工作的教师与各应用专业教师结合，以便更好地了解各专业的需求，为各专业的计算机基础教学服务。

（三）加强教学环境建设，改革教学方法和教学手段

在计算机基础教学中，从原来的黑板加粉笔、计算机加大屏幕到现在的网络化教学平台，体现了教学手段和教学方法的不断变革。网络化教学平台是在校园网支持下构建的现代化教学环境。从广义上讲，它为学生提供了一个理想的数字化学习环境，支持研究型学习、案例式学习、发现式学习、资源型学习、协作型学习等多种学习模式，有利于学生创新能力培养和个性化发展。计算机基础教学应该在这方面进行有益的探索。

第二章　计算机基础教育价值分析

人们正处在一个飞速发展的时代，信息技术在这个时代中发挥着越来越重要的作用。计算机基础教育必须紧跟时代的发展步伐反映信息技术的这一特征。时代需要计算机基础教育超越传统意义去发挥自身的价值。本章节主要是对高校计算机基础教育的价值进行分析。

第一节　计算机基础教育价值的演变

一、计算机基础教育的发展历史

1982 年，国家教育委员会决定在清华大学、北京大学、北京师范大学、复旦大学和华东师范大学 5 所高校的附属中学开始计算机选修课程的试验工作。自此，计算机课程正式进入中学。自 1982 年至今，中国发布了多部关于计算机基础教育的课程内容指导性文件，这些文件在某种程度上既是价值选择的结果，也是价值的承载体。中国计算机基础教育虽然仅仅经历了 40 年的发展时间，但是由于观察的视角不同，人们对计算机基础教育历史阶段的划分也不尽相同。譬如，从发展规模来看，有人将其划分为起步阶段、逐步发展阶段和全面发展阶段。

二、各时期计算机基础教育价值的具体内容

虽然中国的计算机基础教育可以根据不同的视角划分发展阶段，但是从其价值内容变化的角度出发，计算机基础教育发展阶段可分为计算机文化论阶段、计算机工具论阶段和信息素养论阶段。

（一）计算机文化论阶段

1946 年，世界上第一台电子计算机在美国诞生。与当今的个人计算机相比，它绝对是一个庞然大物。早期的计算机主要是在科学研究领域发挥其功效，仅仅作为科学家的"助手"。20 世纪 70 年代后，计算机开始走向小型化和微型化。1974 年，第一台微型计算机诞生，之后计算机的体积越来越小，功能日益提高，价格也日益降低。

在计算机的使用上，"0"和"1"组成的最初使用规则使得其只能被少数专家掌握。后来，计算机操作系统诞生了，但是大多数操作仍然需要在程序的支持下进行，而程序一般比较复杂。所以，当时是否能够编写程序，是否能够对程序查错、测试和修改，就成为是否能够使用计算机的关键。

计算机文化论阶段，除了受第三届世界计算机教育应用大会的影响外，至少还受以下两个方面的影响。

一方面，是受到中国计算机教育界部分专家提出的"程序设计语言有助于培养和发展学生解决问题的能力"观点的影响。多年来，中国计算机教育界一批很有声望的专家认为，学习程序设计语言可以培养学生运用算法解决实际问题的能力，这种解决问题的方式是计算机所独有的，也只有通过对计算机程序设计语言和程序设计方法的学习才有可能获得这种解决问题的能力。他们认为，从某种意义上说，用算法解决问题的能力甚至比数值计算的能力更为重要。因此，这些专家强调在基础教育中学习程序设计语言和程序设计方法是培养全面发展的、能迎接信息化社会挑战的新型人才所必需的。尽管现在看来，这种将借助计算机解决问题简单理解为使用程序设计解决问题的观点非常狭隘，但是，在当时的背景下，这种认识不失其应有价值，在确定计算机教育的教学内容

时，这部分专家的意见起到主导作用。

另一方面，是在中国中小学计算机教育发展初期，所装备的机器大多是不带磁盘驱动器的 LASER310 和 COMX，这些机器不能运行应用软件，只能适应于教授 BASIC 程序设计语言。这个阶段，教育部为加强对中小学计算机教学试验的研究和指导，还特别成立了"全国中学计算机教育试验中心"。

计算机文化论阶段的课程价值主要是集中在程序设计内容上，并且以此来扩展其价值，特别是强调程序设计学习所带来的解决问题的能力培养，正如此时的主要观点是"程序设计是第二文化"一样。应该说，当时的计算机课程价值主要定位在了解计算机基本原理以及培养逻辑思维能力、问题解决能力上，而课程内容则主要确定为程序设计。

（二）计算机工具论阶段

随着计算机课程的逐步发展，到 20 世纪 80 年代末 90 年代初，其文化论主导思想受到了批评和质疑。以程序设计语言为主要学习内容的一些弊端也逐渐显现出来。从 20 世纪 90 年代开始，人们逐渐用计算机工具论代替了计算机文化论。

计算机工具论也是随着信息技术的普及而发展的。总体来说，计算机工具论是基于三个方面的因素得到发展的：一是计算机的推广和普及；二是信息技术的发展；三是人们对计算机文化论的批判和反思。首先，20 世纪 80 年代末已经有相当数量的家庭拥有计算机。同时，在社会上，计算机也得到了普遍应用。此时的计算机已经不仅仅是科学家的"助手"，也成为寻常百姓的"助手"，从简单的科学计算逐步成为各行各业基本信息处理的工具。人们在日常生活中也开始应用计算机进行信息处理。其次，信息技术的发展也提供了许多的便利。20 世纪 90 年代，基于图形用户界面的操作系统产生，图形界面操作系统使得人们可以借助鼠标得到一个直观、形象的图形化界面。此外，各种应用型软件不断涌现，电子表格、文字处理、图形图像处理软件都有了长足的发展。最后，长期以来的程序设计语言教学使学生感到沉闷、无趣。人们也认识到了程序设计教学只能成为一种独立的课程价值选择，而不能够涵盖全部的课程价值。基于以上三个缘由，计算机工具论得以显现和发展。

（三）信息素养论阶段

随着计算机基础教育的发展，人们逐渐对计算机基础教育的存在意义与价值产生许多疑问，特别是在技能化倾向比较严重的局面下，人们更是对仅仅教授软件操作技能的单一课程价值有所反思：学习计算机操作究竟有何价值？人们逐渐开始了自己的探索，而信息素养正好迎合人们的这种需要。信息素养自 20 世纪 70 年代开始兴起，真正进入计算机基础教育却是在 20 世纪 90 年代。

飞速发展的信息技术已经形成了足够强大的大众化技术分支，逐渐开始满足人们日常的生活、学习和工作。另外，网络技术的发展，不仅给人们提供了便利的沟通与交流手段，同时也带来了海量的信息。人们在面对海量的信息时，就必然要求具有迅速地筛选和获取信息、准确地鉴别信息真伪、创造性地加工和处理信息的能力。在此背景下，获取、加工、表达信息的能力在计算机基础教育中的地位就显得十分重要。

第二节　计算机基础教育价值的体系

一、计算机基础教育的社会价值

所谓计算机基础教育的社会价值，就是在社会大系统中，计算机基础教育作为教育的子系统，对社会其他子系统的作用与功能。教育从其诞生之日起，就对政治、经济、文化产生巨大价值，计算机基础教育亦然。计算机基础教育从其诞生之日起，就是依照一定的社会需求而发展的，计算机基础教育有其必然的社会价值。具体来说，计算机基础教育的社会价值主要体现在以下几个方面。

（一）缩小数字鸿沟

从计算机基础教育的具体教学目标来说，就是要普及信息技术操作，促进学生信息处理能力的提升。在我国，由于农村地区的信息技术水平远远落后于城市地区的信息技术水平，因此农村地区的儿童与城市地区的儿童有着巨大的数字鸿沟。数字鸿沟不仅存在于城乡之间，而且存在于不同族群及不同阶层之间。计算机基础教育开设的社会价值之一，就是缩小数字鸿沟。计算机基础教育使得学校成为儿童掌握信息技术的主要场所，使得落后地区的儿童能够接受先进的信息技术教育，从而帮助他们缩小与发达地区儿童之间的数字鸿沟。

从表面上来看，数字鸿沟是受教育者接受信息技术教育机会的不同。但是，实质上数字鸿沟也是一种不平等现象。在信息社会，由于信息成为与物质、能量同等重要的资源，所以"信息富裕者"就更加容易拥有知识、权力和财富，相对来说，"信息贫困者"自然处在劣势地位，从而不能够与其他人平等竞争，由此形成的不平等现象更可能引起大众不满。数字鸿沟不仅仅是一种现象，更涉及信息时代的社会公平问题。

计算机基础教育是为所有学生提供的信息技术教育，使所有学生都有平等接收信息的机会，自然有助于缩小数字鸿沟，从而促进信息时代的平等与公平。当然，计算机基础教育只能在某种程度上缩小数字鸿沟，不可能真正地消除数字鸿沟。

（二）构建信息文化

信息技术课程能够对信息文化起到选择、继承、传播与创造的作用。作为教育的一个组成部分，课程自然会对社会主流文化起到一定的传承和创新功能。计算机基础教育作为一门课程，自然也会对信息文化起到如此功效。计算机基础教育适应信息文化，就是要塑造出适应信息文化的公民。计算机基础教育构建信息文化，主要是通过提升学生的信息素养来实现的。随着学生信息素养的提升，他们具备了适应信息社会的基本能力，从而能够以具备信息文化特征的个体参与到社会中去，自然就会形成信息文化了。

计算机基础教育与信息文化是互动、平衡的关系。在此过程中，计算机基础教育不是被动、消极地适应信息文化的变化，而是通过对信息文化的选择和加工，促进信息文化的传承与创新，从而推动信息文化的持续发展。

（三）适应知识社会

知识社会需要学校培养能够适应和促进知识经济的下一代。哈格里夫斯（Andy Hargreaves）认为，知识社会需要将学校变为学习共同体。教师应该在实践中相互学习，在不断地学习中实现专业发展。作为共同体的学校，在教学中应培养学生的灵活性和独创性，使学生具备创造力和解决问题的能力，形成集体合作、敢于冒险的优良品质。

知识社会也是一个学习型的社会。知识经济开发的不是机器的力量，而是知识的力量、学习的力量、创新的力量。工业经济需要机器型工人，知识经济需要知识型工人。计算机基础教育正是要适应知识社会。知识社会首先是一个信息爆炸的社会，强调批判性思维、创新性思维，这也正是计算机基础教育所要关注的重点。计算机基础教育要培养学生的团队合作精神，符合知识社会的基本要求。计算机基础教育在创造一个信息社会的同时，也在创造一个知识社会。所以，从社会的层面来说，计算机基础教育需要为培养适应知识社会的下一代而努力，同时，也通过培养适应知识社会的人才来创造一个知识社会。

二、计算机基础教育的工具价值

（一）生存价值

人要在社会上生存，就必须掌握生存的本领和手段。教育正是通过传授知识、技能，培养人的认知能力，发展人的聪明才智，从而使人在接受教育之后，能够在智力水平、思想品德和人格个性等方面获得发展，在改造自然的过程中不断改善自己的生存条件。

计算机基础教育的核心是提升学生信息处理的水平和能力，使学生成为信息社会的合格公民。所以，对个体来说，计算机基础教育首先是满足其在信息社会中的生存需要。信息技术能力是信息社会人才必须具备的基本能力，这已经成为全世界的共识。相关学者提出信息社会人才应具备的"关键能力"，就是收集、分析和组织信息，交流思想和信息，计划和组织活动，与别人或小组共同工作，解决问题，利用技术，对文化的理解等。人们认识到，读、写、算是印刷时代的"三大支柱"，而在信息社会，则必须加入信息素养，成为与读、写、算同等重要的第四大支柱。信息素养是信息时代每一个公民必不可少的基本素养，必须从小开始培养。所以，计算机基础教育对个体的首要价值就是生存价值。

（二）发展价值

人类在具备基本的生存条件以后，就会追求更高层次的价值。计算机基础教育使得个体在满足生存的需要以后，必然追求精神生活。作为教育的一个组成部分，计算机基础教育就是要促进个体的发展并通过个体的发展促进社会进步。

计算机基础教育传授给个体信息技术知识与技能，使个体具备进一步发展的先决条件。个体的发展主要包括在知识与技能、情感与态度等方面的发展，计算机基础教育使其在这些方面的发展成为可能。

（三）享受价值

计算机基础教育对学生来说具有享受价值。人除了生产、学习以外，还有休闲娱乐的权利，对学生来说也是一样的。学生可以利用信息技术收听歌曲、进行网络交流等，从而放松心情。人不可能总是在紧张的工作和学习中度过，作为生活的一部分，学生也需要通过休闲娱乐来调整身体与精神状态，从而更好地迎接未来的工作和学习。

第三节　计算机基础教育价值的认识现状

一、学生对计算机基础教育价值的认识

（一）计算机基础教育价值认识的功利主义倾向

如何认识计算机基础教育的价值，其实就是"什么知识最有价值"这一经典问题的延伸。对部分学生来说，其对计算机基础教育价值的认识，很大程度上仍然停留在功利主义层面。功利主义强调对生活和学习有用。功利主义的计算机基础教育价值认识在学生中是非常盛行的。

1.应试化认识倾向

异化的计算机基础教育价值认识，表现得比较明显的观点就是学生学习信息技术是为了"通过考试"。"通过考试"的认识在高中生群体中体现得尤为明显。无论是从问卷调查还是从实地访谈来看，很多高中生都选择了"升学""通过考试"作为计算机基础教育的目的，可见应试的倾向已经异化了学生对计算机基础教育价值的认识。在问卷调查的开放性问题回答上，很多学生都将"考试""升学"作为计算机基础教育价值之一。学生功利地将应试认定为计算机基础教育的价值，从中可以看出学生对计算机基础教育价值认识的异化，他们不能将自身的发展和社会的发展作为计算机基础教育的价值，而仅仅将考试作为学习的第一大目的，可见计算机基础教育也受到社会上应试倾向的影响。

2.应用化认识倾向

很多学生对计算机基础教育价值的认识仍然停留在浅层的应用层面。功利主义的影响使得部分学生认为计算机基础教育只能够用于解决生活和学习中的一些问题。

（二）计算机基础教育价值认识的娱乐化倾向

信息技术本身就具有娱乐功能，并且日益成为人们日常生活中休闲娱乐的一种重要

方式。学生对计算机基础教育价值的认识也逐渐具有娱乐化倾向。这主要表现为以下两个方面：一方面，计算机基础教育为学生提供了娱乐的工具；另一方面，许多学生认为计算机基础教育与其他课程相比具有放松的功能。

面对日益增加的学业压力，计算机基础教育所倡导的宽松、探索、创造的环境，使得学生有了与其他课程不同的体验。但是，有的学生将计算机基础教育理解为"上网课""游戏课"等，那就使计算机基础教育失去了其本来的价值。

由于受到功利主义和娱乐化倾向的影响，许多学生未能正确认识计算机基础教育的价值。部分学生对计算机基础教育所带来的发展价值，仅仅在于描述其未来可能有的价值，尚不能全面认识计算机基础教育的价值。

二、信息技术教师对计算机基础教育价值的认识

（一）信息技术教师对计算机基础教育价值的认识不深

作为计算机基础教育的实践者，很多信息技术教师对计算机基础教育的价值认识不深。很多信息技术教师没有深入思考过计算机基础教育价值，他们只是根据教材或者自身的教学经验进行计算机基础教育教学实践，很少思考为什么要开设计算机基础教育课程或者计算机基础教育能够给学生及社会带来哪些价值。

信息技术教师关于计算机基础教育价值的认识多是来自自身的教学经验，以及有关专家的培训或者教研主管部门的指导。很多信息技术教师只关注计算机基础教育对学生的内在价值，而不关注计算机基础教育带给学生的工具价值和社会价值。很多信息技术教师由于天天接触学生，所以思考的也大多是要教给学生什么内容等具体问题，很少甚至根本没有思考过计算机基础教育从长远看能够带给学生什么，特别是计算机基础教育的社会价值，信息技术教师基本上没有太多、太深入的认识。所以，从对计算机基础教育价值的认识现状来看，信息技术教师的典型特征是"只管低头干活，不管抬头看路"，即他们并不关心计算机基础教育的核心价值是什么，只关心具体的教学实践问题，关注教什么以及怎么教。

（二）技术化倾向的计算机基础教育价值认识

由于计算机基础教育的历史发展背景与自身的技术特性，很多信息技术教师对计算机基础教育价值的认识始终停留在简单理解的技术化倾向层面。这就导致计算机基础教育仅仅停留在"什么实用教什么"的技能培训层面，而没有使技术与人文融合、技能培养与素质养成共生。

此外，技术化倾向还体现在信息技术教师大多只关注技术操作的细微处，或者关注信息技术学习的一些方法与策略。许多信息技术教师不能站在信息处理的高度认识计算机基础教育的价值。

技术化倾向的计算机基础教育价值认识，仍然源于计算机基础教育的发展历程。从最初的程序设计教学开始，教师就强调对学生的思维训练，将计算机作为一种工具。"工具论"视野使得人们更加关注技能与操作的掌握，使得计算机基础教育价值自然带有明显的技术痕迹。计算机基础教育是以技术为本的课程，自然带有技术的痕迹，如何使技术取向与文化取向相调和，是计算机基础教育价值亟待解决的课题。

（三）不同学段的信息技术教师对计算机基础教育价值认识有所不同

小学、初中、高中的信息技术教师由于自身的专业、实践经验等方面的影响，其对计算机基础教育价值的认识具有一定的差异。具体来说，主要表现在以下两个方面：

首先，在认识层次上，高中信息技术教师比小学信息技术教师的认识要深刻一些。高中信息技术教师普遍是科班出身，大部分教师是计算机专业或者教育技术专业毕业，对计算机基础教育的认同感相对比较强，再加上学历也普遍高于小学和初中信息技术教师，所以，一般来说，高中信息技术教师在计算机基础教育价值的认识深度方面较小学、初中信息技术教师强一些，所思考的问题也更深入一些。

其次，在认识内容上，高中信息技术教师强调技术取向，初中、小学信息技术教师则强调培养学生的学习兴趣。

计算机基础教育价值是多元的、复杂的，对它的认识也是在不断加深的，相关学者基于实践，立足理论分析，将计算机基础教育价值体系逐渐清晰化，为计算机基础教育的健康、有序发展贡献力量。

第四节　计算机基础教育价值的实现

一、计算机基础教育价值实现的宏观机制

（一）社会价值和个人价值的同轴强化

一直以来，计算机基础教育都有社会价值和个人价值之争。计算机基础教育的社会价值是指把计算机基础教育放在社会大系统中，看它与其他的社会子系统的关系，体现它在促进社会政治、经济、人文、道德等方面的巨大价值。计算机基础教育的个人价值主要体现为个人的生存价值、发展价值和享受价值，强调计算机基础教育对个人的作用。

从人类生存和发展的终极意义上看，计算机基础教育的社会价值和个人价值应当是指向一致、没有根本冲突的。然而，就某个具体的历史时期而言，从社会角度出发看待的社会进步与从个体角度出发看待的个人进步却呈现"二律背反"的现象。面对特定的计算机基础教育及其活动，个人的具体需要和社会的一般需要总是存在着冲突和不一致的地方。比如，在最初的程序设计教学阶段，由于受当时的经济条件、技术条件等限制，人们将计算机基础教育价值的重点放在培养学生的程序思维上，主要是侧重程序文化对人的发展价值。可以说，此阶段计算机基础教育价值的侧重点在于个人价值。而随着社会的发展，人们认识到信息技术对社会的作用，同时也认识到计算机基础教育在推动信息社会前进方面的作用。可以说，此阶段计算机基础教育的价值是基于社会价值的角度进行选择的。

计算机基础教育的社会价值与个人价值其实是可以调和的。任何的计算机基础教育社会价值的实现都是需要个体的个人价值来实现的，所以，人为地将社会价值和个人价值强行对立开来是不对的。计算机基础教育的社会价值和个人价值其实是在同一个轴心

的，只是体现在不同的主体上。从个人价值的强化角度来说，计算机基础教育个人价值的完善和发展其实也带动了其社会价值的呈现。

那么，如何实现计算机基础教育的社会价值与个人价值的同轴强化呢？这就需要对计算机基础教育实践中的各个影响因素进行调控。具体来说，可从以下两个方面进行调控：一是主体需要调控。计算机基础教育个人需要与社会需要协调的核心应该是学生的身心发展规律。只有符合学生的身心发展规律，才能够在此基础上进行个人需要和社会需要的调控。计算机基础教育的个体需要一定是社会需要的重要组成部分。个体需要一定是从社会现实出发而产生的需要。二是客体状况调控。当计算机基础教育的社会价值和个人价值产生矛盾和冲突，不能够平衡的时候，我们就需要对计算机基础教育的目标、内容、结构及实施因素等加以调控。只有使这些客体状况趋向合理，才能够使计算机基础教育的社会价值和个人价值得以实现。

（二）科学价值与人文价值的和谐共生

自计算机基础教育诞生之日起，科学价值与人文价值就是一对相关联的名词。科学价值就是科学文化知识对人和社会的价值。人文价值则强调对人的精神层面的价值。计算机基础教育的科学价值与人文价值存在着严重的失衡状态，这必然影响计算机基础教育作为一个成熟的学科课程体系的地位。

目前，计算机基础教育中科学价值占据了主导地位。计算机基础教育的科学价值独大使得其备受质疑。技能化倾向、缺少人文精神，使得计算机基础教育就如同一个没有灵魂的机器，只是在盲动。计算机基础教育缺乏人文价值，使得计算机基础教育越来越受到人们的质疑。

计算机基础教育的科学价值与人文价值是可以相融共生的。科学精神背后总是有人文精神的影子。人们必须认识到科学与人文是相融共生的，绝对不能仅仅因为科学的负面作用而抛弃科学精神只谈人文精神。科学价值与人文价值是计算机基础教育组成的两个必要条件，缺一不可。

那么，如何实现计算机基础教育的科学价值与人文价值的相融共生呢？具体来说，可从以下几个方面着手：

第一，对社会需要和个人需要进行调控。科学价值与人文价值的产生在于满足人的需要。要实现科学价值和人文价值的和谐，最重要的是确定计算机基础教育的主体需要，特别是个人的发展需要，处于不同发展阶段的个体，会有不同的需要。

第二，要明确计算机基础教育中科学内容和人文内容的占比。在目前的计算机基础教育内容体系中，需要进一步加大人文内容的比重。

第三，要实现科学价值与人文价值的共生，就需要从现实的课程出发，对社会需要、学生个人发展需要及课程结构等进行调控。采用综合式、主题式的课程结构，有利于加强科学与人文的相互渗透，在传授科学知识时让学生领悟人文精神。

二、计算机基础教育价值实现的微观机制

（一）计算机基础教育政策的制定

计算机基础教育作为一门"小学科""新学科"，其所受到政策层面的影响较其他课程更为明显。国家应该进一步研究小、初、高 12 年一贯制课程政策，从而进一步引导计算机基础教育的发展。国家出台强制性的计算机基础教育政策并不是说一切状况都是"一刀切"，而是倡导地方与学校的课程在满足国家课程最低要求的状况下，有自己特色的课程政策。

（二）计算机基础教育内容的体系化

计算机基础教育内容的体系化问题一直是在计算机基础教育价值实现中备受关注的问题。由于一直没有系统的课程内容建设规划，所以小学、初中、高中三个学段都是零起点，而各个学段的课程都面临着内容重复的问题。很多学生在小学、初中和高中阶段学习的内容雷同，使他们丧失学习的兴趣，导致计算机基础教育的应有价值难以实现。

（三）提升信息技术教师的专业化水平

目前，信息技术教师队伍主要存在以下三个问题：一是信息技术教师起点低；二是

信息技术教师承担着繁重的工作任务；三是信息技术教师的整体素质仍然偏低。基于信息技术教师的专业化发展现状，可从以下两个方面提升信息技术教师的素质：一是提升在职信息技术教师的专业化水平，满足各层次教师的专业发展需要；二是加快建设信息技术教育专业，系统培养优秀教师。

（四）构建有效的信息技术课程评价体系

信息技术课程的评价一直以来都是信息技术课程实施的软肋。如何使评价方式更为有效，使信息技术的过程性评价和总结性评价相得益彰，一直困扰着信息技术课程的研究者和实践者。学校不仅要建立有效的总结性评价体系，还要建立科学的过程性评价体系。过程性评价直接关系到教师的日常课堂教学，如何有效实现信息技术课程的过程性评价目标，可从以下两个方面着手：一方面，需要提升信息技术教师的素质，使其能够真正有效地实施过程性评价；另一方面，需要推进信息技术课程过程性评价的研究，进一步研究信息技术课程过程性评价的方法。

第三章　计算机基础教育理论基础

随着教育教学改革的进一步深化，"以人为本"的教育理念越来越受到广大教育工作者的重视。如何真正了解学生，使每一位学生都能获得良好的学习体验，是全体教育工作者的目标。本章主要介绍计算机基础教育的理论基础，主要包括建构主义学习理论、协作学习理论和学习动机理论。

第一节　建构主义学习理论

一、建构主义学习理论产生的根源

随着心理学家对学习过程研究的不断深入，认知学习理论的一个重要分支——建构主义学习理论在西方逐渐流行。建构主义是行为主义发展到认知主义以后的进一步发展，被誉为"教育心理学的一场革命"。建构主义学习理论之所以产生，是有其哲学根源、心理学根源与技术根源的。

（一）哲学根源

建构主义可以上溯至康德（I. Kant）对理性主义与经验主义的综合。康德认为，主体不能直接通向外部世界，而只能通过利用内部构建基本的认知原则（范畴）来组织经验，从而发展知识；世界的本来面目是人们无法知道的，也没有必要去推测它，人们所知道的只是自己的经验。进入 20 世纪 50 年代以后，受波普尔（K. Popper）和库恩（T. Kuhn）等人的影响，非理性主义波及哲学领域，并且逐渐流行。库恩认为，科学只是解释世界的一种范式，而知识是个人的理解。之后，随着结构主义向后结构主义转化，理性主义的绝对地位被进一步打破。

如果说结构主义崇尚理性的话，那么后结构主义则致力于批判企图凭借对客观和理性的确信来建立对世界秩序认识的形而上学的传统，试图恢复被结构主义所忽略的非理性事物。后结构主义认为，结构主义只注重客观主义色彩而忽略了能动的、实践着的社会主体，因而后结构主义致力于恢复主观性、历史活动和实践的问题。受其影响，心理学的学习理论表现为从认知主义学习理论发展到建构主义学习理论。基于此，我们说建构主义学习理论是从认知主义学习理论中繁衍而来的，是"后认知主义"的学习理论，是非理性主义哲学思潮在学习理论中的一种体现。

（二）心理学根源

除了哲学思潮的影响，心理学自身的理论和流派以及来自心理学界内部的反思是认知主义学习理论向建构主义学习理论发展的直接原因。建构主义是认知主义的进一步发展，可以称之为"后认知主义"。在这一演变过程中，皮亚杰（J. Piaget））学派和文化历史学派起到至关重要的推动作用。关于儿童的认知是如何发展的、人的心理机能是怎样形成的等问题，皮亚杰认为是通过自我建构，维果斯基认为是通过社会作用不断建构，即社会建构。

对建构主义学习理论的出现产生影响的首先是皮亚杰关于儿童的认知发展理论，即活动内化论。皮亚杰认为，学习是一种自我建构，思维的发生过程就是儿童在不断成熟的基础上，在主客体相互作用的过程中获得个体经验与社会经验，从而使图式不断地协调、建构（即平衡）的过程。他强调的是主体心理机能的形成，而不是经验。其主要缺陷在于没有解决好客体问题，过于强调人的生物性，而没有了解人的社会历史性。尽管如此，皮亚杰仍然是认知研究领域中最具有影响力的一位心理学家，他关于建构的思想是当代建构主义学习理论的重要基础之一。

20 世纪 70 年代，布鲁纳（J. S. Bruner）等人把维果斯基创立的文化历史学派引入美国，这无疑在代表西方主流心理学的美国心理学界引起强烈反响，给占据统治地位的现代认知主义学派注入新鲜血液，在学习理论领域表现为认知主义向建构主义的进一步发展。维果斯基认为，学习是一种社会建构，强调认知过程中学习者所处社会文化历史背景的作用，重视活动和社会交往在人的高级心理机能发展中的地位。在他看来，过去心理机能的形成是二项图式，客体不能简单地理解为物理体，人和动物都能实现种的属性的继承，但动物主要靠遗传实现，不能外化为客体。人是有目的地进行活动的，可以把自己的经验客体化，其中最根本的是工具，如笔这一书写工具，然后是书面语言。人学习机制的形成是经验的传递过程。因此，关于人的高级心理机能的发展，应当从历史的观点，而不是抽象的观点，不是在社会环境外，而是在同它们的作用不可分割的联系中加以理解。

建构主义正是融合了皮亚杰的自我建构和维果斯基的社会建构，有机地把它们运用到学习理论的研究中来并在此基础上提出了意义建构。

（三）技术根源

事实上，建构主义学习理论早在 20 世纪 80 年代已有人提出，但其教学方法在当时的教学条件下无法得到满足与实现，因而未能成为主流。20 世纪 90 年代以后，多媒体计算机和基于互联网的网络通信技术为建构主义学习理论的发展提供了可能和保障。

二、建构主义学习理论的分歧及四大取向

（一）建构主义学习理论的分歧

1.知识是由外部输入的还是由内部生成的

个体的知识是怎样形成的，是由外部输入的，还是由内部生成的？如果说知识是由外界输入学习者头脑中的，那就意味着学习者的学习过程要接受来自外部的刺激或信息，接受作为人类现有认识成果的知识体系；如果说知识是由个体生成的，那就意味着学习就是学习者运用自己的头脑形成对事物或现象的解释和理解的过程。在这个问题上，主要存在以下三种观点：

一是外部指引观。信息加工论者认为，外部世界的现实和真相将指引知识的建构，

知识是个体通过建构对外部世界的精确心理表征而习得的，假若知识能够准确地反映外部现实，在这个意义上它就是正确的。

二是内部指引观。皮亚杰认为，新知识是通过转换与重新组织旧知识而建构起来的，知识不是现实的反映，而是随着认知活动生长和发展的一种抽象，知识不是真的或伪的，它只是随着发展变得更为内部一致和更有组织。

三是内外指引观。维果斯基认为，知识是通过内部认知因素和外部环境因素相互作用而产生和发展起来的，知识反映外部世界，但受文化、语言、信念、与他人相互作用的影响。

2.世界是否可知

在"世界是否可知"这一问题上也有三种见解：①包括皮亚杰和维果斯基在内的大多数心理学家主张人们不能直接知觉世界，必须通过人的理解加以过滤才能知觉世界，他们不谈精确的概念，只谈符合逻辑的或良好的理解，认为人们之所以了解世界，是因为知识的建构是一个理性的过程，有些建构优于其他建构；②信息加工论者相信世界是可知的，个人之外存在着客观现实，并且个人能够把握它；③更为极端的建构主义者认为，世界是不可知的，知识是个人在一定文化和社会环境中建构起来的，他们并不关心世界的精确与"真实"的表征。

3.知识是情境性的还是普遍性的

皮亚杰认为，知识是普遍性的，具有泛情境性，在一定情境下习得的知识并不局限于该情境中的应用，在一定的练习条件下，知识可以实现普遍的迁移。布朗（J. S. Brown）、拉夫（J. Lave）和温格（E. Wenger）主张知识是情境性的，学习是社会性的，并体现在一定的文化情境中。由于知识离不开学习得以发生的具体情境，在课堂上学习的东西难以迁移和应用于课堂之外的环境，为避免此类情况的发生，就有必要创造与现实生活相似的真实情境以开展情境性学习。情境性学习强调两点：一是在真实情境中呈现知识，把学与用结合起来，让学习者像专家一样思考和实践；二是通过社会性互动和协作进行学习。

4.如何看待"个体"与"社会"

知识的建构主要有以下三种类型：①个体的建构，重视个体与物理环境的相互作用；②个体间的建构，重视儿童—儿童、儿童—成人之间相互作用的建构；③在更大社会文化背景下的公共知识建构。不同倾向的建构主义对这三者的重视程度是不同的。是将学习看成个体与物理环境相互作用的过程，还是更关注学习中的社会性相互作用？在"个体—社会"这一连续体上，不同的建构主义者表现出明显的差异。有些人更关注个体的知识建构，他们沿着皮亚杰的路线，深入揭示个体在与客体的相互作用中形成、改造自己的知识经验的过程，即使谈到"他人"时，也主要把"他人"理解为与一般物理客体相同的对象，而不是理解为与学习者一样的认知主体。有些人更重视学习的社会性，他们认同维果斯基的观点，主张人的高级心理活动源于社会性的相互作用，既重视合作、讨论在学习中的作用，又重视人类现有的社会文化知识在个体学习中的作用，强调把社会文化知识内化为个体的经验。

（二）建构主义学习理论的四大取向

由于存在上述分歧，导致建构主义流派纷呈，按不同标准划分可以将之分为不同的取向。综合来看，建构主义学习理论大致有以下四大取向：

1.激进建构主义

激进建构主义是在皮亚杰思想基础上发展起来的建构主义。激进建构主义有两个基本特征：一是突出强调认识活动的建构性质，认为一切知识都是由主体主动建构起来的，人们不可能只是通过感知被动地接受知识，人的认识活动本身就是一个"意义赋予"的过程，即主体依据自身已有的知识和经验建构出对外部世界的意义；二是对认识活动"个体性质"的绝对肯定，认为各个主体必然具有不同的知识背景和经验基础（或不同的认知结构）。因此，即使就同一个对象的认识而言，相应的认识活动也不可能完全一致，而必然具有个体的特殊性。

在激进建构主义者看来，个人的建构有其充分自主性，是一种高度自主的活动，也就是说，"一百个人就是一百个主体，会有一百个不同的建构"。因此，激进建构主义也常常被称作"个人建构主义"。激进建构主义者深入研究了概念的形成、组织与转变，不过，他们主要关注个体与物理环境的相互作用，对学习的社会性重视不够。

2.社会建构主义

社会建构主义是在维果斯基理论的基础上发展起来的一种建构主义。社会建构主义也在一定程度上怀疑知识的确定性和客观性，不过，较之激进建构主义的观点显得较温和。在社会建构主义者看来，世界是客观存在的，对每个认识世界的个体来说是共通的，知识是在人类社会范围里建构起来的，又在不断地被改造，以尽可能和世界的本来面貌相一致，尽管可能永远达不到一致。同时，社会建构主义的另一核心特色在于对活动的社会性质的明确肯定，认为社会环境、社会共同体对认识活动有重要作用，个体的认识活动是在一定的社会环境中得以实现的，所谓"意义赋予"包含"文化继承"的含义，即经由个体的建构活动所产生的"个体意义"事实上包含了对于相应的"社会文化意义"的理解和继承。

可见，虽然社会建构主义者也将学习看成个体建构自己的知识和理解的过程，但他们更关心这一建构过程的社会性。他们主张，知识不仅是个体和物理环境相互作用并内化的结果，而且在这一过程中具有社会建构的性质，因为语言等符号在其中扮演了重要的角色。正是由于学习者在自己的日常生活、交往和游戏等活动中形成了大量的个体经验（可称作"自下而上的知识"），它从具体水平向知识的高级水平发展，走向以语言实现的概括，具有理解性和随意性，在人类的社会实践活动中形成了公共文化知识。在个体的学习中，这种知识首先以语言符号的形式出现，由概括向具体经验领域发展，所以也可以称作"自上而下的知识"。儿童在与成人或比他（她）成熟的社会成员的交往活动（尤其是教学活动）中，在他们的帮助下，解决自己还不能独立解决的问题，理解体现在成人身上的"自上而下的知识"，并以自己已有的知识为基础，使之获得意义，从而把"最近发展区"变成现实的发展，这是儿童知识经验发展的基本途径。

3.社会文化取向

社会文化取向与社会建构主义有很大的相似之处，也深受维果斯基学说的影响，也将学习看成建构的过程，关注学习的社会性。不过，与社会建构主义不同的是，社会文化取向主张心理活动是和一定的文化、历史和风俗习惯背景密切联系在一起的。知识和学习都是存在于一定的社会文化背景中的，不同的社会实践活动是知识的来源，它着重研究不同文化、不同时代与不同情境下个体的学习和问题解决等活动的差别。

社会文化取向者借鉴文化人类学的方法，研究一定文化背景下的个体为达到某种目的而进行的实际活动，并认为这些实际活动是以一定的社会交往、社会规范、社会文化产品为背景的。个体以自己原有的知识经验为基础，经过一系列的活动解决出现的各种问题，最终达到活动的目标。他们认为，学习应该像这些实际活动一样展开，在为达到某种目标而进行的实际活动中解决遇到的实际问题，从而学习某种知识。学生在问题的提出及解决中都处于主动地位，而且可以获得一定的支持。

4.信息加工的建构主义

信息加工学习理论主张认知是一个积极的心理加工过程，学习不是被动地形成刺激与反应的联结，而是包含了信息的选择、加工和存储的复杂过程，在此意义上，信息加工学习理论比行为主义学习理论前进了一大步。不过，信息加工学习理论假定信息或知识是事先以某种形式存在的，个体必须首先接受它们才能进行认知加工，那些更复杂的认知活动才能得以进行，同时，信息加工学习理论只是强调原有知识经验在新信息编码表征中的作用，而忽略了新经验对原有知识经验的影响。

信息加工的建构主义比信息加工学习理论前进了一步，尽管它仍然坚持信息加工的基本范式，但完全接受了"知识是由个体建构而成的"观点，强调外部信息和已有知识之间存在双向的、反复的相互作用，新经验意义的获得要以原有的知识经验为基础，从而超越所给的信息，而原有的知识经验又会在此过程中被调整或改造。

三、建构主义学习理论的主要观点

尽管以往的认知主义与联结主义在学习本质上存在根本分歧，但它们基本上是客观主义的，主张分析人类行为的关键是对外部事件的考察，认为世界是由客观实体及其特征以及客观事物之间的关系所构成，教学的目标在于帮助学习者习得这些事物及其特征，使外部客观事物内化为其内在的认知结构。不同的是，联结派认为学习是通过联结把握客体意义，认知派认为学习是通过信息加工把握客体意义。而建构主义则是非客观主义的，虽然其在本体论问题上没有过多地进行讨论，但是在认识论上则肯定是非客观的，因为它认为学习是通过信息加工活动建构对客体的解释，个体是根据自己的经验建构知识的。

认知主义学习理论认为，学习是全体学生在教师的指导下，通过相同的信息加工活动形成相同的知识或认知结构。建构主义学习理论认为，不能对学生做共同起点、共同背景，通过共同过程达到共同目标的假设，学习者是以原有的知识经验为背景接受学习的，不仅水平不同，而且类型和角度不同，不能设想所有人都一样，而应该以各自背景作为产生新知识的生长点。正因为如此，不能对学生掌握知识领域作典型的、结构化的、非情境化的假设，知识不是统一的结论，而是一种意义的建构。即使学习的是相同的知识，学习者所进行的信息加工活动也不同，最后建构的知识意义也不同。由于每个人按各自的理解方式建构自己对客体的认识，因此是个体化、情境化的产物，而不像认知主义与联结主义那样把客体作为规范的东西。

总体来看，建构主义学习理论认为，学习是学习者在原有的知识经验的基础上，在一定的社会文化环境中主动对新信息进行加工处理，建构知识的意义（或知识表征）的过程。下面从学习过程、学习结果两个方面阐述建构主义学习理论关于学习实质的观点。

（一）学习过程

建构主义学习理论认为，学习是学习者主动建构内部心理表征的过程。学习者不是被动地接受外来信息，而是主动地进行选择加工；学习者不是从同一背景出发，而是从不同背景、不同角度出发；学习者不是由教师统一引导，完成同样的信息加工活动，而是在教师和他人的协助下，通过独特的信息加工活动建构意义的过程。

在对学习过程的理解方面，与传统的认知主义学习理论相比，建构主义学习理论强调这个过程的独特性与双向建构性。与认知主义学习理论一样，建构主义学习理论也认为学习是学习者进行复杂的信息加工活动的过程，两者的主要分歧在于学生在学习过程中所进行的信息加工活动是否一致。

认知主义学习理论强调在相同经验的学习过程中所进行的信息加工活动的共同性。该理论认为，在学习相同知识的过程中，学习者所进行的信息加工活动应该是相同的，如何引导学习者进行有效的信息加工活动，形成认知结构，是教师的主要工作。

而建构主义学习理论则强调学习过程中学习者进行的信息加工活动的独特性，认为学习者要建构关于事物及其过程的表征，是通过已有的认知结构对新信息进行加工而建构成的。外部信息的意义是学习者通过新旧知识经验间反复的、双向的相互作用过程而建构成的，而且原有知识又因为新经验的进入而发生调整和改变。

所以，学习过程并不是简单的信息输入、存储和提取，它同时包含由于新、旧经验的冲突而引发的观念转变和结构重组，是新、旧经验之间双向相互作用的过程。学习者并不是空着脑袋走进教室的，在日常生活中，他们积累了丰富的经验以及基于这些经验的一系列的认知结构，对一些问题都有自己的看法，因而在学习过程中，学习者不是被动地在教师的指导下加工和储存知识，而是根据自己的知识背景，并且需要借助储存在长时记忆中的事件和信息加工策略，对信息进行主动地选择和加工，在教师或他人的协助下，形成一种独特的信息加工过程，建构自己关于知识的意义。

同时，建构主义学习理论认为，学习过程同时包含两方面的建构：一是对新信息的理解是通过运用已有的经验，超越所提供的新信息而建构的；二是从记忆系统中所提取的信息本身也要按具体情况进行建构，而不单是提取。所以，建构是对新信息意义的建构，同时又包含对原有经验的改造和重组，这种双向建构意义的学习使学习者获得更为灵活的知识。

（二）学习结果

1.从学习所获得的经验的性质来看

传统的认知主义与联结派学习理论在知识的问题上都持客观主义的立场，认为知识是客观的，是对客观世界的反映。认知主义学习理论认为，存在着有关世界的可靠知识。由于客体的基本特征是可知的和相对不变的，所以知识是稳定的。世界是真实的，是具有结构的，因此，学习者可以建立有关世界结构的模式。人们通过学习可以获得对客观世界各种事件的认识，了解真实世界，从而在他们的思维中复制世界的内容和结构。

建构主义学习理论却认为，知识并不是对现实的准确表征，它只是一种解释、一种假设，并不是问题的最终答案。相反，它会随着人类的进步而不断地被"替换"掉，并随之出现新的假设；而且知识并不能精确地概括世界的法则，在具体问题中需要针对具体情境进行再创造。认知主义学习理论倾向于把知识看成由外部输入的，认为知识由语言来表征，通过教师讲授的方式把知识准确地传递给学生。

建构主义学习理论反对客观主义的外塑论，把知识看成主体与客体相互作用的结果，而不是单由哪一方面产生的，学习者并不是把知识从外界搬到记忆中，而是以已有的知识经验为基础，通过与外界的相互作用来建构新的理解。学习者要建构关于事物及其过程的表征，但并非外界的直接翻版，而是通过已有的认识结构（原有知识经验和认知策略）对新信息进行加工而建构。在外部信息的输入与学习者内部生成的知识建构中，更强调学习者内部的生成作用。

2.从学习者形成的认知结构的构成来看

传统认知派学习理论认为，学习的结果是形成认知结构，它是高度结构化的知识，是按概括水平高低层次排列的。建构主义学习理论认为，知识结构不是加涅（R. M. Gagne）所指的直线结构或布鲁纳、奥苏贝尔（D. P. Ausubel）等人所提倡的层次结构，而是围绕关键概念而建构起来的网络结构的知识，既包括结构性知识也包括非结构性知识，学习结果应是建构结构性知识与非结构性知识意义的表征。

建构主义学习理论认为，学习可以分为低级学习和高级学习。低级学习属于结构良好领域，要求学生懂得概念、原理、技能等，所包含的原理是单一的、角度是一致的，此类学习也叫作非情境化的或去情境化的学习。高级学习属于结构不良领域，每个任务都包含复杂的概念，各种原理与概念的相互作用不一样，是非结构化的、情境性的学习。

建构主义学习理论认为，学习应是抽象与具体、结构与非结构、情境与非情境的结合。传统学习领域混淆了低级、高级学习的划分，把原理等作为学习的最终目的，而真正的学习目的应是建构围绕关键概念组成的网络结构，包括事实、概念、策略、概括化的知识，学习者可以从网络结构的任何一点进入学习。网络结构的知识是打通的，而层次结构的知识是封闭的。

四、建构主义学习理论在教学中的应用

（一）建构主义学习理论关于教学的基本思路

1.注重以学生为中心进行教学

建构主义学习理论认为，学生是信息加工的主体，是意义的主动建构者，而不是外部刺激的被动接受者和被灌输的对象。学生被看成形成有关现实理论的"思想家"。建构主义学习理论的主要观点：①学习是由学习者内部控制的过程；②鼓励和接受学习者的自治与主动；③将学习者看作有意志和目的的人，鼓励学习者质疑，培养学习者的好奇心。该理论认为，教学目标具有很大的灵活性，它不应该强加给学习者，而应该同学习者商量决定或由学习者在学习过程中自由调整。同时，建构主义学习理论认为，教师不应被看成"知识的授予者"，而应成为学生学习活动的促进者。教师是学生意义建构的帮助者、促进者，而不是知识的传授者与灌输者。教师应善于引发学生观念上的不平衡，高度重视对学生错误的诊断与纠正，注意学生在认识上的特殊性，着重培养学生的自觉意识和元认知能力，充分调动学生的学习积极性，发挥好教学活动组织者和"导向"的作用。

2.注重在实际情境中进行教学

建构主义学习理论强调设计围绕现实问题的学习活动，尽量创设能够促进学生积极主动地建构知识的社会化的、真实的情境。建构主义者注重让学生解决现实问题，强调提供复杂的、一体化的、可信度高的学习环境的重要性，这种教学情境应具有多种视角的特性，可以将学习者嵌入现实和相关情境（真实世界）中，作为学习整体的一部分，为他们提供社会性交流活动。

3.注重协作学习

建构主义学习理论认为，学习者是以自己的方式建构对事物的理解。因此，不同的人看到的是事物的不同方面，不存在唯一的理解。但是，可以通过学习者的合作而使理解更加丰富和全面。高级知识的教学提倡师徒式的传授以及学生之间的相互交流、讨论与学习，教学过程需要围绕亟待解决的重要问题进行并对学生的问题解决过程给予高度重视，在该过程中，鼓励学生同教师协商。建构主义学习理论指导下的教学组织形式有小组学习、协作学习等，主要在集体授课形式下的教室中进行，提倡在教室中创建"学习社区"。随着网络环境的优化，建构主义的教学组织形式得到较快的应用与发展。

4.注重提供充分的资源

建构主义学习理论强调教师要创设良好的教学环境，为学生建构知识的意义提供各种信息条件。

（二）建构主义学习理论提倡的教学设计

1.随机通达教学设计

建构主义代表人物斯皮罗（R. J. Spiro）等人提出了认知灵活性理论。该理论认为，学习者在学习的过程中对信息意义的建构可以从不同的角度入手，从而获得不同方面的理解。据此，他们提出了"随机通达教学"。所谓随机通达教学，是指学习者可以随意通过不同途径、不同方式进入同样教学内容的学习，从而获得对同一事物或同一问题多方面的认识与理解。斯皮罗认为，传统的教学设计只适合低级学习（主要涉及结构良好领域），而对于高级学习（主要涉及结构不良领域）是无能为力的。根据知识是由围绕关键概念的网络结构所组成的观点，随机通达教学设计主张真正的学习可以从网络结构的任何部分随意进入或开始，而且这种进入可以是多次的；这种多次进入不像传统教学那样，只是为巩固一般的知识、技能而实施的简单重复，而是伴随新知识的建构；学习者每次进入都有不同的学习目的，每次的情境都是经过改组的，都有不同的问题侧重点；学习者从不同的角度入手，分别着眼于同一问题的不同侧面，形成对同一概念的多维度的理解，同时能够与具体情境联系起来，产生与丰富的背景经验相关的大量的复杂图式。多次进入的结果，使学习者获得对事物全貌的理解与认识上的飞跃。

2.支架式教学设计

支架式教学应当为学习者建构对知识的理解提供一种概念框架，这种框架中的概念是为发展学习者对问题的进一步理解所需要的，为此，教师事先要把复杂的学习任务加以分解，以便于把学习者的理解逐步引向深入。

支架式教学思想来源于维果斯基的"最近发展区"理论。维果斯基认为，在儿童的智力活动中，对于所要解决的问题和原有能力之间可能存在差异，通过教学，儿童在教师的帮助下可以消除差异，这个差异就是"最近发展区"。换句话说，"最近发展区"就是儿童独立解决问题时的实际发展水平（第一个发展水平）和教师指导下解决问题时的潜在发展水平（第二个发展水平）之间的距离。儿童的第一个发展水平与第二个发展水平之间的状态是由教学决定的，即教学可以创造"最近发展区"。因此，教学绝不能消极地适应儿童智力发展的已有水平，而应当走在发展的前面，不停顿地把儿童的智力从一个水平引导到另一个新的、更高的水平。

支架式教学设计基于建构主义学习理论关于概念框架的观点，借用建筑行业中使用的"脚手架"作为概念框架的形象化比喻，利用概念框架作为学习者学习过程中的脚手架。支架式教学设计主张，为了更好地促进学生对知识意义的建构，教学应围绕和结合当前的学习主题，按照"最近发展区"的要求为学生提供一种概念框架，而不是具体的学习内容，框架中的概念可以启动并引导学生理解问题。这种概念框架在学习过程中如同建筑行业的脚手架，学生可以沿此支架由最初的教师引导多一些逐步过渡到自己调控而一步步攀升，不断进行更高水平的认知活动，最终完成对所学知识的意义建构，同时其智力水平也得以不断提高。这样，通过这种脚手架的支撑作用（或"支架作用"）不停顿地把学生的智力从一个水平提升到另一个新的、更高的水平，真正做到使教学走在发展的前面。

3.抛锚式教学设计

抛锚式教学设计，也称情境性教学设计。建构主义学习理论认为，学习者要想完成对所学知识的意义建构，即达到对该知识所反映事物的性质、规律以及该事物与其他事物之间联系的深刻理解，最好的办法是让学习者到现实世界的真实环境中去感受、去体验（即通过获取直接经验来学习），而不是仅仅聆听别人（如教师）关于这种经验的介绍和讲解。因此，教学应使学习在与现实情境相类似的情境中发生，以解决学生在现实生活中遇到的问题为目标，教学过程与现实的问题解决过程相类似。这种教学要求建立在有感染力的真实事件或真实问题的基础上，学习的内容要选择真实性的任务，确定这类真实事件或问题被形象地比喻为"抛锚"，因为一旦这类事件或问题被确定了，整个教学内容和教学进程也就被确定了（就像轮船被锚固定一样）。建构主义学习理论认为，教师应创设与真实任务类似的问题情境，呈现真实性任务、案例或问题给学生（即"抛锚"），尽可能地让学生在一个完整、真实的问题情境中产生学习的需要和兴趣，并通过亲身体验和感受，主动识别、探索、发现和解决问题。

由于抛锚式教学要以真实事例或问题为基础（作为"锚"），所以有时它也被称为"实例式教学"或"基于问题的教学"。教师在开展抛锚式教学时应注意以下几点：第一，弱化学科界限，强调学科间的交叉，因为具体问题往往同时与多种概念、原理相关；

第二，提供解决问题的原型，并指导学生探索；第三，采用融合式测验，这是因为学习中对具体问题的解决过程本身就反映了学习的效果。目前，在这方面已有大量的研究，特别是利用多媒体进行的计算机辅助教学可以提供与现实类似的问题情境，达到真实性任务的目的。

4.自上而下的教学设计

建构主义者批判传统的自下而上的教学设计，认为它是使教学过程过于简单化的根源，主张自上而下的教学设计模式，即首先呈现整体性的任务，同时提供用于更好地理解和解决问题的工具，让学生尝试进行问题的解决，在这个过程中，学生可以自己发现完成任务所需的知识、技能，在掌握这些知识、技能的基础上，最终使问题得以解决。在教与学的活动中，知识是由围绕着关键概念的网络结构所组成的，因此，不需要组成严格的直线型层级，学生可以从网络结构的任何部分进入或开始。教师既可以从要求学生解决一个实际问题开始教学，也可以从给学生讲授一个规则入手。当然，在实际操作中，这些都必须适应一定的教学目的，根据具体的教学目的和教学条件而确定。

总之，建构主义学习理论提倡的教学设计强调以学生为中心，认为学生是知识意义的主动建构者，教师只对学生的意义建构起帮助和促进作用，注重发挥学生的创新精神，让他们在不同情境下应用所学知识，并实现自我反馈。无论是随机通达教学，还是抛锚式教学或支架式教学，都非常支持和鼓励学习者自主学习和他们之间的协作学习，同时，都强调情境对意义建构的作用，重视教学中教师与学生以及学生与学生之间的相互作用，倡导协作学习与交互式教学；强调对学习环境（而非教学环境）的设计；强调利用各种信息资源支持学生自主学习和协作式探索；强调学习过程的最终目的是完成意义建构而非完成教学目标，这些与传统的教学设计大相径庭。

建构主义学习理论所提倡的教学设计一般包含下列内容与步骤：①教学目标分析；②情境创设；③信息资源设计；④自主学习设计；⑤协作学习环境设计；⑥学习效果评价设计；⑦强化练习设计。建构主义者认为，每个人都在以自己的经验为背景建构对事物的理解，因此，只能理解事物的不同方面，不存在对事物唯一正确的理解。

建构主义学习理论对进一步推动学习理论的发展有重要意义。然而，建构主义学习理论过于强调知识的相对性，否认知识的客观性；过于强调学生学习过程中信息加工活动的个别性，否认其本质上的共同性；过于强调学生学习知识的情境性、非结构性，完全否认知识的逻辑性与系统性，这显然又走向了另一个极端。当然，任何理论都不是十全十美的，作为一种行之有效的学习理论，建构主义学习理论在教育实践中发挥着积极的指导作用。我们必须清楚建构主义学习理论的不足之处，并注意在教育实践中采取相应的策略予以消除。

第二节　协作学习理论

一、协作学习的内涵

协作学习最早兴起于20世纪70年代，并在随后的十几年时间内得到教育界的广泛关注。协作指的是一种状态，而协作学习除指以固定人数的小组为基本单位进行合作性活动、以完成某一指定任务为目标的学习形式外，还强调组内成员必须具备特异性特征，彼此之间存在"正互依赖性"，即任务的完成依赖每名成员的贡献，协作过程中强调彼此之间的互动，同时，必须通过互动进行共同的知识建构。

二、协作学习的要素

（一）协作小组

协作小组是协作学习模式的基本组成部分，小组划分方式的不同，将直接影响协作学习的效果。

（二）成员

成员是指遵循一定的原则和策略分配到各学习小组中的学习者。对于成员的分配要统筹兼顾到学习者的诸多因素，如学习者的认知结构、认知风格、认知方式等，一般采用互补的方式会更有助于协作学习效果的提高。

（三）辅导教师

在协作学习过程中，辅导教师起着督导的作用。正是有辅导教师对协作小组的组织和控制才使得协作学习的效率和效果得到充分保证。在这种学习模式下，对辅导教师的教育思想、教育观念提出了更高的要求。也就是说，要由传统的以"教"为中心的教育理念向以"学"为中心的教育理念转变，同时，还要实现二者的最优结合。

（四）协作学习环境

协作学习要在一定的环境下进行，主要包括组织环境、空间环境、硬件环境和资源环境。组织环境是指成员的组织结构，包括小组划分、成员角色的分配等。空间环境是指协作学习的物理场所，如班级课堂、网络环境等。硬件环境是指协作学习所需要的硬件条件。资源环境是指协作学习利用的网络等资源。

三、协作学习的方式

（一）设计

设计是注重学习者整个学习过程的一种学习模式，重在培养学习者的综合能力。首先，由教师负责给出设计的主题；其次，学习者在完成主题任务的过程中，充分运用自己所学的知识，与小组成员之间相互帮助，共同完成任务；最后，在整个协作学习的过程中，通过与教师和合作者之间的相互沟通与学习，从中产生新的思维方式、学习方法，从而促进学习者整体能力的发展。

（二）伙伴

协作者为了达到共同进步和完成任务的目的，彼此之间需要从对方那里获得帮助并学习对方好的学习方法，因此，伙伴之间要就彼此的问题多交流以及提出自己的想法。当然，协作学习的伙伴既可以是人，也可以是计算机。

（三）辩论

辩论分为组内辩论和组间辩论两种。以辩论的方式进行协作学习，不仅可以使协作者之间达到充分交流的目的，还可以培养学习者的批判性思维。开展辩论需要教师先确定主题，围绕这个主题，小组成员可以先确定自己的观点和态度，然后通过网络等方式查找相关资料和数据支持自己的观点。教师可以充当裁判的角色，当然，也可以由其中的某一小组成员担任。裁判根据情况确定正反方，双方围绕确定的主题进行辩论。在此过程中，正反双方分别阐述自己的观点，并对对方的观点进行辩驳。在辩论的过程中，学习者主动地建构了自己的知识结构，使自己的观点更加清晰。

（四）合作

多个协作者共同完成某个学习任务，在学习任务完成过程中，协作者之间互相配合、互相帮助，或者根据学习任务的性质进行分工协作。不同协作者对任务的理解不完全一样，各种观点之间可以互相补充，从而圆满完成学习任务。

（五）竞争

竞争是指两个或更多的协作者参与学习过程，并有辅导教师参加。辅导教师根据学习目标与学习内容对学习任务进行分解，由不同的学习者"单独"完成，看谁完成得最快、最好。辅导教师对学习者的任务完成情况进行评价。竞争模式有利于激发学习者的学习积极性与主动性，但易造成因竞争而导致协作难以进行的结果。因此，让学习者明确各自任务完成对保证总目标实现的意义非常重大，即学习者是在竞争与协作中完成学习任务的。竞争既可以在小组内进行，也可以在小组间进行。

（六）问题解决

该种模式需要先确定问题。问题的种类多种多样，其来源也不相同。在问题解决过程中，协作者需要借助虚拟图书馆或互联网查阅资料，为问题解决提供依据。问题解决的最终成果可以是报告、展示或论文。问题解决是协作学习的一种综合性学习模式，对培养学生的问题解决与处理能力具有明显的作用。

（七）角色扮演

该种模式是让不同学生分别扮演指导者和学习者的角色，由学习者解答问题，指导者对学习者的解答进行分析。如果学习者在解答问题的过程中遇到困难，则由指导者帮助学习者解决。在协作学习过程中，他们所扮演的角色可以互相转换。通过角色扮演，学习者对问题的理解将会有新的体会。角色扮演的成功不仅能增加学习者的成就感和责任感，也可以激发学习者学习的兴趣与积极性。

第三节　学习动机理论

动机是指引起和维持个体活动，并使之朝向某一目标进行，以满足个体某种需要的内部动力。动机是在需要的基础上产生的。所谓需要，是指人对客观事物的需求在大脑中的反映，它是人在体验到某种缺乏时而产生的主观状态，是个体活动积极性的源泉。当需要满足时，有机体就处于平衡状态；当需要不能满足时，在有机体内部就会产生促使有机体满足需要的推动力，这就是内驱力。当需要与一定的诱因（满足需要的目标）相结合，就会产生引起实际行为的动机。

学习动机是指向学习活动的动机类型。具体而言，所谓学习动机，是指激发、维持个体的学习行为，并使这一行为朝向一定学习目标的一种内在过程或内部心理状态。学习动机是学习活动顺利进行的重要支持性条件。学生的学习只有在适度的动机驱使下，才能积极主动起来，变"要我学"为"我要学"。学习动机作为一种内部动力，是通过外在的学习行为反映出来的。例如，通过对学习任务的选择，我们可以判断学生学习动机的方向；通过努力程度和坚持性，我们可以判断学生学习动机的强度等。

为了更好地利用学习动机理论指导教育实践，唯有深刻理解各个动机理论的内涵。由于学习动机的多样化，导致对学习动机的解释也多种多样，由此派生出不同派别的动机理论，分别强调不同的侧面。概括地讲，学习动机理论主要包括行为主义动机理论、人本主义动机理论、认知主义动机理论。

一、行为主义动机理论

以桑代克（E. L. Thorndike）、斯金纳（B. F. Skinner）为代表的行为主义心理学家不仅用强化理论解释操作学习的发生，而且用强化理论解释动机的引起和作用。强化理论把动机看作由外部刺激引起的一种对行为的冲动力量。经典条件作用理论和操作条件作用理论都认为，强化是形成和巩固条件反射的重要条件，强化可以使人在学习过程中增加某种反应发生的概率，使刺激与反应之间的联结得到巩固。按照行为主义者的观点，任何学习行为都是为了获得某种报偿，强化可以使人在学习过程中增强可能重复某种反应的力量。因此，教师采取奖赏、赞扬、评分、等级、竞赛等外部手段可以激发学生的学习动机，引起他们相应的学习行为。

学生之所以具有某种学习行为倾向，完全取决于先前这种学习行为和刺激因强化而建立的牢固联系。如果学生的学习行为受到强化，就会产生强烈的学习动机；如果学生的学习行为没有受到强化，就会缺乏学习动机；如果学生的学习行为受到惩罚，就会产生逃避学习的动机。强化是教师在课堂教学中使用最多的一种手段。

二、人本主义动机理论

（一）需要层次理论

马斯洛（A. H. Maslow）的需要层次理论被公认是最完整、最系统、最有影响力的动机理论。马斯洛指出，人类的动机是由多种不同性质的需要组成的，这些需要有先后与高低之分，即有一个需要层次，由低到高依次为生理需要、安全需要、归属与爱的需要、自尊需要、认知需要、美的需要、自我实现需要。自我实现，即自我完善，指个人潜力的实现，是人类需要的最高层次。

马斯洛把四个低层次的需要——生理需要、安全需要、归属与爱的需要、自尊需要，称为缺失性需要；三种高层次的需要——认知需要、美的需要、自我实现需要，称为成长性需要。个体必须先满足较低层次的需要，才能满足较高层次的需要。一旦个体的缺失性需要得到满足，成就这些需要的动机就会降低。成长性需要则不同，它不会完全被满足。成长性需要越多，人为寻求进一步成就的动机就越强。马斯洛的需要层次理论不仅可以解释行为动机，也可以解释人格发展，提供了一种如何看待整体的人的发展方式。

（二）自我决定理论

自我决定理论关注的是人的三种内在需求：能力需求、关系需求与自主需求。"需求"这一概念为我们理解一些在表面上看起来没有关联的现象提供了基础，将动机研究用于社会环境中，强调人的自我调节、自我选择、自我实现，而社会环境为满足个体能力、关系、自主的基本心理需求提供了机会。

自我决定理论将人的动机分为内在动机与外在动机。内在动机是指人从事某种行为是为了获得快乐与满足；外在动机是指人从事某种行为是为了得到某种结果。内在动机强调自愿，外在动机强调被迫。内、外在动机不是对立的，而是处在一个连续体上，从外在动机到内在动机的变化是一个内化调节的过程。研究者一致认为，内在动机更能促进人的行为。

三、认知主义动机理论

在动机领域研究得颇为深入的是认知心理学派，他们对人类动机行为的解释更为精确而细致。他们认为，引发动机行为的目标既可以来自外部环境，也可以来自学习者自己的观念，原始刺激并不是直接地引起反应，而是通过激活一系列的内部事件，这些内部事件的相互作用导致最终反应的形成。

（一）成就动机理论

阿特金森（J. W. Atkinson）提出了具有广泛影响的成就动机模型。他认为，成就动机的强度是由动机水平、期望和诱因的乘积决定的。动机水平是个体稳定地追求成就的倾向，期望是某人某一课题是否成功的主观概率，诱因是成功时得到的满足感。

在此基础上，阿特金森将个体的成就动机分为两类：一类是力求成功的动机，即人们追求成功和由成功带来的积极情感的倾向性；另一类是避免失败的动机，即人们避免失败和由失败带来的消极情感的倾向性。根据这两类动机在个体动机系统中所占的强度，可以将个体分为力求成功者和避免失败者。在力求成功者的动机成分中，力求成功的成分多于避免失败的成分；在避免失败者的动机成分中，避免失败的成分多于力求成功的成分。力求成功者将目标定位于获取成就，既然要获取成就，就不能不对任务的成功概率有所选择。研究表明，成功概率在50%的任务最能调动力求成功者的积极性，因为这种任务对他们最富挑战性，而那些根本不可能成功或稳操胜券的任务反而会降低他们的动机水平。避免失败者则相反，他们将心态定位在如何避免失败上，因为要避免失败，所以他们往往倾向于选择非常容易或很困难的任务。如果成功概率约是50%时，他们会回避这项任务，因为选择非常容易的任务可以确保成功，避免失败；而选择非常困难的任务，即使失败了，也可以归因于任务的难度而得到他人的理解和原谅，从而减少失败感。

（二）归因理论

归因理论最早是由美国社会心理学家海德（F. Heider）在其对人际知觉的研究中提

出来的，韦纳（B. Weiner）的研究发现使归因理论不断完善。韦纳认为，个体对自己的行为及结果有了解的动机；个体解释自己行为后果时的归因是复杂而多维度的；个体的自我归因将影响其今后类似行为动机的强弱。基于这三个假设，经实证研究发现，人们通常将自己行为结果成功或失败的原因归为以下六种：能力强弱、努力程度、任务难易、运气好坏、身心状况和其他。这六种因素又分别纳入原因来源、稳定性和可控性三个维度中。

原因来源是指个体自认为导致其行为成败结果的原因是来自个体内部（内控）或来自个体外部（外控）的因素。能力、努力及身心状况三项属于内控因素，任务难易、运气好坏及其他三项则属于外控因素。

稳定性是指个体自认为导致其成败的因素是否稳定，在类似情境下是否具有一致性。无论是内控因素还是外控因素，有些是相对稳定的，有些却是易变动的。能力和任务两种因素是相对比较稳定的，而其余四种因素则是不稳定的。

可控性是指个体自认为导致其成败的因素能否受个人意志控制。努力程度是受个人意志支配的、可控的，其余各种因素都是不受个人意志支配的、不能控制的。

据此，韦纳得出三个基本结论：一是当个体将成功归因于能力和努力等内部原因时，会产生自豪感，增强自信心和动机水平；当个体将成功归因于任务容易、运气好、别人帮助等外部原因时，则满意感较少。当个体将失败归因于能力弱、不努力等内部原因时，会产生愧疚感；当个体将失败归因于任务太难、运气不好或教师评分不公平等外部原因时，则较少产生愧疚感。无论成败，个体归因于努力都比归因于能力会产生更强烈的情绪体验。努力而成功感到愉快，努力而失败也应该受到鼓励，不努力而失败会感到愧疚，这与我国传统的观点是一致的。二是在取得同样的成绩时，能力低者应得到更多的奖赏。三是能力低而努力的人应受到最高的评价，能力高却不努力的人则应受到最低的评价。

（三）自我价值理论

自我价值理论受成就动机理论与归因理论的影响，是对前人理论的补充。自我价值理论包括以下几个要点：①自我价值感是个人追求成功的内在动力，对学生来说，努力学习，期望取得好成绩，是他们渴望从学业成功中提升自我价值；②个人通常把成功看作能力的展现而不是努力的结果，因为将成功归因于能力能使人感到更大的自我价值，在追求成功而得不到成功的情况下，改以逃避失败以维持自我价值。

（四）目标设定理论

目标设定理论认为，人类的行为都是有目的的，要想使行为发生，就要设定目标，并追求目标。只要个人表现出对目标的投入，目标可以：①引导注意力和努力，从事与目标有关的活动，排除与目标无关的活动；②调节努力程度，即人们根据完成任务的难度付出相应的努力；③激励行为的持续性，直至目标完成；④促进寻求相关的行动计划或任务策略。研究表明，目标具体且难度大的学生，其成绩优于目标不具体的学生和目标具体但难度不大的学生。

（五）目标取向理论

目标取向理论将目标分为掌握性目标和作业性目标。掌握性目标取向的学生，其动机模式是掌握模式，他们关心"如何尽快提高自己的能力"，重视学习的过程；作业性目标取向的学生，其动机模式是无助模式，他们关心"自己的能力是否充分"，重视学习的结果。

学生的目标取向不同，在面对学习任务时就会表现出差异：作业性目标取向的学生强调能力和暂时的结果，他们关心对自身能力的评价甚于自身能力的发展；而掌握性目标取向的学生强调技能的发展和自身的努力，关心自身能力的发展甚于对自身能力的评价。因此，以学习内容为要点的掌握性目标比以展示能力和获得高分为要点的作业性目标更有利于激发学生的学习动机。

通常认为，学习动机越强，学生的学习效率就越高，而实际情况并非如此简单，学习动机与学习效率并不完全成正比。学习动机与学习效率之间存在着"倒 U 形曲线"的关系。就难度适中的学习活动而言，中等强度的动机水平，学习效率最高。研究表明，学习动机的最佳水平并不是固定不变的，而是随着任务性质的不同而不同。一般来说，随着学习任务困难程度的增加，动机的最佳水平呈现逐渐下降的趋势。学习任务比较简单时，动机的最佳水平偏高；学习任务比较复杂时，动机的最佳水平偏低。

一般来讲，学习动机与学习效果是一致的，学习成绩好的学生，他们的学习动机水平往往较高；而学习成绩差的学生，他们的学习动机水平则较低。学习动机是影响学生学习效果最主要、最直接的原因。但是，学习动机与学习效果之间的关系并不总是一致的，有的学生学习动机水平较高，但学习成绩较差；而有的学生学习动机并不强烈，但学习成绩较好，这是因为学习动机对学习效果的影响往往要通过许多中介因素，而这些中介因素对学习效果有不同的作用。因此，教师不能简单地以学习成绩的高低为判断学生学习动机强弱的客观标志，而要全面、客观地分析学生的情况，通过多种途径和方法了解学生的学习动机。教师不仅应重视激发学生的学习动机，还应针对每个学生的具体情况进行具体分析，注意改善学生的主客观条件，以便使其与学习效果保持一致。

总的来说，培养学生学习动机的方法是多种多样的，教师应根据学生的年龄特征和个性差异以及学习任务的不同灵活运用。如果教师能够有效地运用这些方法，就能够调动学生学习的积极性，学生就有可能学得积极主动并学有成效。

第四章　计算机基础教育教材建设

　　教材建设是高校一项重要而艰巨的基本任务，高质量的教材是培养合格人才的根本保证。只有在政府主管部门的组织下，充分调动地方、企业、院校和社会机构的积极性，才能共同开发出实用性强、以培养学生职业能力为目标的特色教材。本章节对高校计算机基础教育教材建设进行了探究。

第一节　计算机基础教育教材建设的重要性、存在的问题及克服办法

一、计算机基础教育教材建设的重要性

　　当今世界，以信息技术为代表的高新技术发展突飞猛进，信息产业日益成为推动社会发展和科技进步的重要力量。现代信息技术的发展既给社会带来了深刻的影响，也给高等教育带来了新的挑战。社会迫切需要大量的计算机技术应用型人才，而高等教育责无旁贷地担负着培养这方面人才的重任。

　　计算机技术的发展使全球成为一个数字化的世界，计算机已应用到各个领域，这就要求培养一大批具有实际操作能力的计算机技术人员。大学生计算机基础课程教材是体现高校计算机教学内容和教学方法的载体，是高校计算机基础课程教学的基本工具，也是高校创新型人才培养的基础。

　　目前，大多数计算机课程教材主要强调知识系统的逻辑性和内容的基础性。这虽然

能清晰地反映本学科体系的基本原理，但不利于学生创新意识和创新精神的培养。教材内容时代化、形式立体化、表现多样化是信息时代对高校计算机基础课程教材建设的新要求。计算机基础课程教材建设不仅要有"量"的需求，还要有"质"的保证。因此，教材建设在教学中的地位非常重要。

二、计算机基础教育教材建设存在的问题及克服办法

（一）"厚基础"难以割舍

部分教师片面地认为基础打得越牢越好，理论学得越多越好，挤压了技术知识和技能知识的空间，弱化了专业内容和专业实践，从而影响学生能力培养和素质提高。

克服办法：要反复强调"实基础、强能力"，编委会、主审和作者要就此达成共识。"实"是教材的灵魂，基础理论知识要以"必需、真实、够用、好用"为原则。"强"是指强化能力培养。

（二）主编挂虚名，编委干实事

为了提高教材的知名度，有的教材由 2 至 3 人或 3 人以上组成编写小组，其中，第一作者（主编）由知名教授、博导甚至院士担任，但是选材、立题、拟纲和正文编写等具体工作全部由其他编委来完成。实践证明，凡出现这种情况的教材，其质量往往难以保证。

克服办法：第一，要明确主编的编写工作量，如不得少于全书工作量的 1/4 或 1/3；第二，要明确主编的责任和主导作用。

（三）单纯的岗位技能培训

作为计算机基础教育的教材，尤其是实践性教材，为满足学生的职业发展和就业需要，在教材内容上把过多的篇幅用于技术中或技能中的操作细节，没有把隐藏在技术细节后面的背景知识系统地告知学生，学生的实践或实习成了对教师动作的简单模仿，计

算机基础教育教材也就蜕化成了操作说明书或程序员培训手册。

克服办法：在教材的编写过程中，要反复强调技术知识的系统学习在计算机基础教育培养人才能力中的作用和地位，技术层面的知识只有通过系统学习才能加深和丰富学生对知识的理解，开拓学生的视野，激发学生的智慧，启迪学生的创新精神。而单纯的技能培训，只能使学生对知识的理解和认识变得浅薄、贫乏，视野变得狭窄。编写者应牢记，计算机基础教育教材要履行培养计算机应用"一线工程师"的使命，要让学生不但"知其然"，而且"知其所以然"，更要知其用，促进学生能力和素质的全面提高，尤其是学生的创新精神和实践能力的提高。

（四）学术浮躁与内容"串味"

只有新颖的标题、漂亮的语言和华丽的图表，但内容空泛、言中无物，对个别章节的科学价值、应用价值和个别学者的成就任意夸大以及轻视实践等。内容"串味"，即理论部分沿袭研究型教材，实践部分降低为职业型教材。

克服办法：第一，反复强调教材内容的思想性、科学性、原创性、简洁性、真实性和学术规范性，明确教材的形式结构只是教材的外部存在形式，而内容（特别是核心内容）才是教材的生命之源，它决定教材的生命力和价值取向；第二，认真贯彻"用、新、精、适"的原则。

（五）作者之间缺乏沟通，各自为政

这种情况多出现在多名作者编写同一本教材时，由于彼此之间讨论少，缺乏沟通，在书稿出来后，才发现书稿表述前后不连贯、名词术语错乱、重要概念含混不清和图表格式不统一等。

克服办法：第一，要实行主编负责制，加强沟通；第二，发挥主审人的作用，加强阶段性审查。

第二节 计算机基础教育教材建设
思路分析

一、正确认识计算机基础教学的地位

计算机基础教育不仅要让学生掌握计算机的基本操作、基本软件的使用及基本程序设计语言等，更要注重学生综合素质与能力的提升。正确认识计算机基础教学的地位，把培养学生的"计算思维"作为计算机基础教学的核心任务并由此建设更加完备的计算机基础课程体系。

二、计算机基础教材应该有自己的教学内容体系

教材不应该是平铺直叙、应付考试的培训参考书，更不应该是面面俱到的用户手册或包罗万象的工具书，而应该具有灵活多变的教学结构体系以及配套的实践教学体系。例如，艺术类的教材，应注重艺术与计算机的关系，凸显艺术类专业特色。

三、合理制定计算机基础课程的立体化建设方案

计算机基础课程立体化教材应当包括发挥纲领性作用的学科指南，强化教材的学习指导书，包含基本理论和核心内容的教材读本，丰富学习内容和提供最新技术的补充教材。这里需要解释的是，应当重视对教材读本第一章的设计，要使它能够快速吸引学生的注意力，激发学生的学习兴趣。学习指导书应凸显每章在本教材中的位置和作用，在专业课程中具有哪些现实意义，以及掌握各个概念、原理和方法的要求等，使得学生在学习计算机技能的同时提高专业技能，其目的是激发学生的学习兴趣，诱导学生积极思

考，让学生自己判断学习内容的价值。补充教材包括辅导资料、课件、课程网站、试题库、工具软件等。工具软件的使用有助于学生对学习内容的理解。例如，在程序设计课程中，使用 Raptor 软件可以帮助学生理解计算机程序的运行机制。

四、建设高素质、分工合理的编写队伍

为了保证教材的适用性，教材的编写成员应该具有良好的教材编写能力和合理的分工。教材编写成员的职能可以分成以下几类：①课程组长负责全面领导；②计算机学科专业人员作为该学科的骨干教师，负责教材的编写；③教育工艺专家根据专业和学生特点负责制定教材的结构和媒体应用方案；④立体教材相关制作人员负责对视频、课件、网络、补充资料等辅助教材的编制；⑤编辑人员主要负责教材的编辑加工；⑥事务人员负责经费核算等工作。各类人员各司其职、协调工作，最终完成教材的编写工作。

五、树立"以学生为中心"的教材建设观

在计算机基础教育教材建设中，应当注重从"教师传授"向"学生主动学习"的转变，也可以说是从"传授模式"向"学习模式"的转变。在教材内容上，需要注意与其他专业的衔接、融合与渗透，从而开阔学生的视野，激发学生学习计算机课程的兴趣。除了教学和实验内容的设计之外，可以在每个知识点为学生设计"阅读与思考"的环节，在强化实践课程内容的同时，培养学生的阅读与思考能力。

六、建立科学有效的政策激励和评价机制

学校应当重视教材建设，发挥教材建设在教学改革中的示范作用，采取各种措施，鼓励教材编著者积极申报国家、省部级课题。同时，建立科学、适用的教材质量评价体系及质量监控机制是促进教材质量不断提高的有效途径。

七、重视实验教材的编写

教师应当提高对实验课程的重视程度，因为实验课程能够培养学生的实践能力。对于在理论课教材上提出的疑问，在实验课教材任务中应当有所体现。除了注重实验教材和理论教材的配合之外，实验教材应当对学习任务、实验报告格式进行严格限定，培养学生认真、严谨的学习态度。学生上交的作业应当包括两个部分：一是成果，二是心得。心得包括学生学习的心得体会，案例中使用的一些技巧，学习过程中遇到的疑点、难点，对教师的建议等。为了保障实验教学的顺利进行，应当规范考核机制。

八、重视培养学生的合作意识

在理论教材和实验教材中应注重学生合作意识的培养，可以通过引入需要合作完成的项目培养学生的合作意识。此外，还可以引入小组自评、组间互评的机制，使得学生在合作的同时也形成了有益的竞争。

第三节　计算机基础教育教材的发展趋势

一、特色精品教材

精品教材既有社会效益，又有很好的经济效益。其中，最为典型的当属"21世纪大学本科计算机专业系列教材"和"清华大学计算机系列教材"。

"21世纪大学本科计算机专业系列教材"是中国计算机学会和清华大学出版社共同打造的面向全国普通高等院校计算机专业本科生的教材，共规划27门课程，覆盖中国高等院校计算机专业的必修课和选修课。该套教材具有以下一些特点。

指导方针：中国大学本科教育应该与国外的先进教育模式接轨，并且与中国国情相结合。

丛书特色："21世纪大学本科计算机专业系列教材"是组织全国的优秀作者并结合中国教育改革成果和中国国情编著的，反映了当代计算机科技水平和计算机科学技术的新发展。这套教材在内容上注重先进性、科学性和实用性并充分考虑中国的国情；在形式上提供了一整套的教学解决方案，除了主教材之外，还提供电子教案、教师用书、习题集与习题解答、实验指导书等配套教辅。这套教材在内容与形式方面能够显著地提高中国计算机专业教材的整体水平，实现与国际接轨。

读者定位：全国高等院校计算机专业本科生。

作者队伍：全国重点大学长期从事计算机教学和科技前沿研究的一线教师和专家、学者。

"清华大学计算机系列教材"已经出版发行了三十余种，包括计算机专业的基础课程、专业技术基础课程和专业课程的教材，覆盖了计算机专业大学本科和研究生的主要教学内容。这套教材伴随着计算机科学与技术的飞速发展"茁壮成长"了二十余年，获得了国家科学技术进步奖、国家级优秀教材特等奖等29项部级以上奖励，被几百所高校选作教材，教学效果极佳。该套教材是清华大学的主讲教师在多年教学和科研工作的基础上，根据教学效果对讲义进行反复修改编写而成的。该套教材注重理论联系实际，教材配套有相应的实验教材和习题集，大部分课程已有多媒体教案，重点课程已有网络课件。

此外，由高等教育出版社出版的"面向21世纪课程教材""新世纪网络课程配套教材""普通高等教育'十五'国家级规划教材"，机械工业出版社出版的"高等院校计算机专业教育改革推荐教材"受到学生和教师的一致好评。

其中，"面向21世纪课程教材"是在教育部一系列教改项目研究的基础上组织编写的，反映了世纪之交中国高等教育计算机教学改革取得的一些成果。"普通高等教育'十五'国家级规划教材"共计二十余种，则是教育部在"十五"之初，组织全国高等学校招标并由专家评选出的国家规划教材，应该说这些教材也代表了当时中国计算机学科相应课程教材的最高水平。在教学资源的建设上，为高校教学提供了整体解决方案的新理念。"新世纪网络课程配套教材"正是结合网络教学资源建设，为教师和学生提供从主教材到教学辅导书、电子教案、网络教学内容和资源等一整套教学"套餐"。

机械工业出版社出版的"高等院校计算机专业教育改革推荐教材"，由基础知识、程序设计、应用技术、软件工程和实践环节五个模块组成，各个模块有其对应的培养目标与功能，从而架构出一个完整的计算机应用专业的课程体系。模块化的设计使各学校可根据学生的特点做自由的选择和组合，既能达到本专业的总体要求，又能体现特色化的发展要求。该套教材的编写思路可概括为以下三点：第一，适度调整电子技术基础、计算机理论基础和系统软件的教学内容；第二，全面强化计算机工具软件、应用软件的教学要求；第三，以应用为目标大力展开软件工程的教学与实践。

二、立体化出版

所谓立体化出版，是指在教材本身之外再对教材进行教学辅助综合配套，也就是在教材的基础上再辅以其他纸质出版物（如教学参考书、学习指导等）和电子音像出版物（如电子教案、多媒体课件、教学光盘、试题库等），以及其他方面的服务（如网上交互、电话咨询等）。建设开放性的教学资源库，实现资源的免费共享，是精品教材立体化建设的最好结果。

在此方面，英国的培生教育出版集团颇有心得。为方便教师教学，该集团专为教师开发了用以帮助他们提高教学质量的一整套教学辅助体系。另外，美国的麦格劳-希尔教育集团的立体化出版也很有特色，其立体化服务主要包括在线学习中心、免费"黑板"服务、互动交流在线服务等。

清华大学出版社为答谢广大计算机教师长期以来对该社的支持，加强大学计算机专业课程的教学资源建设，推动计算机专业教学改革的进程，面向全国高校推出了计算机专业课教学资源"阳光"服务行动。2004年，向全国500所高校免费赠送清华大学出版社出版的中国计算机学会"21世纪大学本科计算机专业系列教材"以及配套的电子教案光盘、教师用书、习题集、上机指导书等。

对于使用清华大学出版社出版的中国计算机学会"21 世纪大学本科计算机专业系列教材"的高校将长期给予以下支持：①免费获取全套的清华版计算机教材电子教案（素材库）以及后续升级版本；②有机会参加由中国计算机学会和全国高等学校计算机教育研究会举办、清华大学出版社协办的"全国高校计算机专业课教学研讨班"；③免费获取清华大学出版社建设的计算机专业课教学资源库的所有相关资源，如教学网站、教师参考书、示范课视频资料等；④定期获取清华大学出版社最新推出的教材出版信息和其他教学资源服务。

三、双语教材

进入 21 世纪，尤其是随着中国加入世界贸易组织，信息产业的国际竞争更趋激烈。引进国外信息与科学技术优秀教材，在有条件的学校推动开展英语授课或双语教学，是教育部为加快培养大批高质量的信息技术人才所采取的一项重要举措。为此，教育部要求由高等教育出版社率先开展信息与科学技术教材的引进试点工作，同时提出了两点要求，一是要高水平，二是要低价格。在教育部高等教育司和高等教育出版社的共同组织下，成立了由北京大学、清华大学、南京大学等 14 所学校的教授组成的计算机引进教材专家组。在各方的共同努力下，陆续出版了 70 多种信息与科学技术的引进教材。

教育部希望国内和国外的出版商积极参与此项工作，共同促进中国信息技术教育和信息产业的发展。在与外商的谈判中，不仅要坚定不移地引进国外信息与科学技术优秀教材，还要千方百计地将版权转让费降低。中国的教育市场巨大，外国出版公司和国内出版社要通过扩大发行量取得效益。

教育部正在全国数十所高校推动示范性软件学院的建设，这也是加快培养信息科学技术人才的重要举措之一。示范性软件学院要立足于培养具有国际竞争力的实用型软件人才，与国外知名高校或著名企业合作办学，以国内外著名 IT 企业为实践教学基地，聘请国内外知名教授和软件专家授课。

目前，"教育部高等教育司推荐国外优秀信息与科学技术系列教学用书"已经被教育部高等教育司列为软件学院双语教学推荐教材。该套教材的特点如下：①权威性。经教育部高等学校信息与科学技术引进教材专家组严格筛选。②系统性。基本覆盖了计算机专业的课程体系。③先进性。多为世界信息科学技术领域著名专家、教授的经典之作，代表了目前世界信息科学技术教育的一流水平。④经济性。与国内自编教材的定价相当，同类产品中价格较为优惠。

四、外版教材

近年来，计算机技术快速发展，各行各业都需要具有实用技能并掌握最新技术的计算机专业人才，但是传统的教材内容已跟不上时代发展对计算机教育的最新需求，急需一批具有国际水平的计算机经典教材，以适应当前的教学和市场需要。另外，由于受到各个重点院校的支持，英文影印版教材的使用率越来越高。同时，引进国外经典计算机教材可以学习国际先进的教学思想和教学方法，使中国的计算机学科教育能够与国际接轨，从而培育出更多具有国际水准的计算机专业人才，提高中国信息产业的核心竞争力。

从目前中国的市场需求和计算机教育情况来看，还会继续加大引进外版计算机教材的力度。在引进外版计算机教材方面，清华大学出版社做得相当出色。清华大学出版社出版过很多畅销的外版计算机教材，从 2004 年开始，他们对全社的外版计算机教材进行整体规划，着力打造"国外经典教材·计算机科学与技术"和"国外计算机科学经典教材"两套。其中，"国外经典教材·计算机科学与技术"以英国培生教育集团的计算机教材为主，"国外计算机科学经典教材"以美国麦格劳-希尔教育集团、德国施普林格出版社、美国约翰·威利父子出版公司出版的计算机教材为主。为了保证外版计算机教材的出版质量，清华大学出版社为这两套书成立了一个由 30 位知名大学教授组成的外版计算机教材编审委员会。

国内出版社在出版外版计算机教材的过程中，需要注意以下三个方面的工作。

（一）提高外版计算机教材的翻译质量

无论是哪个出版社，提高翻译质量始终都是翻译外版计算机教材的要求之一，时刻不能放松。

（二）合理改写外版计算机教材

虽然外版计算机教材在技术含量、实用性和教学方法上会高于本土教材，但是不少外版计算机教材含有不适合国内教学的内容，如有些外版计算机教材讲述国内很少使用的工具和方法，这时候就需要按照国内的实际教学需求进行改写。

（三）提高外版计算机教材的服务质量

目前，大部分外版计算机教材的教学资源和服务都是由国外出版社提供的，不利于中国读者索取和使用，甚至中国读者根本不知道从哪里索取及如何索取。想要解决这个问题其实很简单，将外版计算机教材的教学资源和服务放在国内，由国内出版社提供即可。但是，有些国外出版社为了获取教师资料或者为了防止非法复制，往往不愿意将外版计算机教材的教学资源和服务交给国内出版社。对于这类国外出版社，要通过谈判，要求他们提升对中国读者的服务质量，使中国读者能够便利地获取所需要的教学资源。教师在使用外版计算机教材时，一定要注意学习国外先进的教学思想和教学方法，在培养学生的实践能力上争取有较大的突破。

第五章　计算机基础教育课程体系

随着计算机基础教育课程在全国高校的普及，计算机基础教育课程的对象、要求及任务发生了一些变化。从最初计算机基础教育课程是理工科的必修课发展到文科的选修课，再从文科的选修课发展到非计算机专业的必修课，计算机课程体系经历了一系列层次结构的衍化。本章结合实际情况分析计算机基础教育课程体系的建设要求、发展策略以及发展方向。

第一节　计算机基础教育课程的发展历程

一、从理工科的必修课到文科的选修课

从 20 世纪 80 年代起，全国众多高校相继开展了非计算机专业的计算机教学，全国高等院校计算机基础教学研究会早在 1985 年就提出了"层次教育"的思想来设置计算机基础课。国家教育委员会在 1991 年成立了"工科计算机基础课程教学指导委员会"，向全国的工科院校提出计算机文化、计算机技术和计算机应用三个基础层次。这种层次结构体现了计算机基础教育循序渐进的特点，有助于根据不同专业开展针对性更强的应用技术教学。国家教育委员会在 1995 年制定了 5 门计算机基础课程的层次、名称、目的、任务及对象，如表 5-1 所示。该课程体系主要体现了高校工科专业对本专业大学生计算机软件开发能力的培养。

表 5-1　工科专业的计算机课程体系

层次	课程名称	课程内容与目的	课程性质
第一层次	计算机应用基础	介绍计算机系统、操作系统、数据库系统的初级知识，字表处理软件使用方法，使学生掌握计算机应用基本技能	公共必修课
第二层次	计算机原理与应用	介绍微机的基本组成、工作原理、接口电路及硬件的连接，建立微机系统的整体概念	工科专业必修课
第三层次	软件技术基础	介绍开发软件基础知识，为今后开发应用软件奠定基础	必修课

　　进入 21 世纪，随着计算机技术的快速发展，软、硬件不断更新换代，网络和多媒体等相关技术日渐成熟，计算机应用进入新的发展时期。因此，在构建计算机课程体系时，除了开设计算机应用基础、程序设计语言等课程外，还需考虑把当前和今后影响较大的新概念、新技术适当地引入课程体系，这样不但满足了社会信息化需求，而且保证了课程内容的先进性。因此，相关高校设置了理科专业的计算机课程名称、层次、讲授内容以及课程性质，如表 5-2 所示。

表 5-2　理科专业的计算机课程体系

层次	课程名称	讲授内容	课程性质
第一层次	计算机文化基础	Windows 操作系统；计算机组成、原理和用途；算法、数据结构、数据库、软件工程的基本概念	公共必修课
第二层次	计算机基础	计算机硬件技术、软件技术、网络技术	公共选修课
第三层次	专业应用技术	如 MATLAB、3DMAX 等	专业选修课

　　"中国高等院校计算机基础教育改革课题研究组"在其撰写的《中国高等院校计算机基础教育课程体系 2008》（以下简称"CFC2008"）中提出各类专业计算机课程体系设计参考方案，它既是对多年经验的总结，又是指导计算机教育工作的重要文件。各高校可参照 CFC2008 建立有特色的、适合本校情况的课程体系。本书仅列出理工类、文科

类专业的计算机课程体系，如表 5-3、表 5-4 所示。

表 5-3　理工类专业的计算机课程体系

层次	课程名称	课程性质
第一层次	计算机与信息技术应用基础、程序设计基础（不同专业可选择一或两门）	必修课
第二层次	计算机硬件技术基础（非机电类）、微机原理与接口技术（机电类）、单片机与应用系统（机电类）、数据库技术与应用	限选课或任选课
第三层次	多媒体技术与应用、网络技术与应用、计算机辅助设计基础	限选课或任选课

表 5-4　文科类专业的计算机课程体系

层次	课程名称	课程性质
第一层次	计算机与信息技术应用基础	必修课
第二层次	网页设计基础、电子政务应用、电子商务应用、多媒体技术及应用、数据库基础及应用	限选课或任选课
第三层次	社会统计分析软件应用、程序设计及应用、三维建模与动画设计	限选课或任选课

二、从文科的选修课到非计算机专业的必修课

一些学者通过长期对部分地区高校非计算机专业计算机课程体系的研究，以及对高校教育信息化现状的调研、分析，建立了非计算机专业计算机课程参考体系，如表 5-5 所示。该课程体系是以大学生应具备的计算机知识体系结构为基础，同时兼顾非计算机专业学生将来从事行业的应用需要而构建的。

表 5-5　非计算机专业的计算机课程体系

层次	课程名称	课程性质
第一层次	计算机与信息技术应用基础、现代教育技术	必修课
第二层次	计算机硬件技术基础、多媒体技术与应用、网络技术与应用、网络多媒体技术、数据库基础及应用、程序设计及应用、常用工具软件	限选课或任选
第三层次	专业应用技术	限选课或任选课

经过多年的探索与实践，中国计算机基础教育从无到有、由点到面，从少数理工科专业率先实践，发展到所有高校非计算机专业普遍开设了相关课程。21世纪，高校计算机基础教育应围绕"面向应用、强化能力、培养计算思维"的要求，进一步深化计算机基础教育工作，而计算机基础教育课程体系的发展已然成为推进当代计算机基础教育发展的关键因素。

第二节 计算机基础教育课程建设需求分析

一、国家中长期教育发展规划对计算机教育提出的新要求

为进一步深化高校计算机基础教育改革，提高大学生的信息素养，使其成为社会发展所需要的复合型人才，多年来，从事计算机基础教育的专家对计算机基础教育的培养目标、教学内容和教学方法等进行了深入研究。

信息技术的发展日新月异，高校计算机教育面临新的挑战。如何进一步深化教育改革、提高教学质量、培养大学生的信息素养，使他们更好地适应信息社会，仍然是需要我们认真研究的内容。

提高高等教育质量的重点是提高人才培养质量。只有一流的教育才能有一流的人才，从而建设一流的国家。因此，要在人才培养中树立科学的质量观，把促进学生的全面发展及适应社会的需求作为衡量教学质量的标准。

高校要努力培养全面发展的人才，使不同类型的人才能够适应多样化的社会需求。大数据时代已经来临，高校培养出来的大学生必须具有一定的信息素养，能够熟练地运用信息技术。所以，计算机基础教育改革是高等教育改革的一项重要内容。

二、信息社会时代背景的需求

随着时代的发展，计算机的应用越来越广泛，已经成为人们生活与工作最为基础和重要的工具。计算机技术应用型职业人才的需求越来越大，但目前计算机及其相关专业的毕业生在数量上还远远不能满足市场的需求，非计算机专业的毕业生与企业的人才需求之间还存在较大的差距。部分非计算机专业的大学生在毕业后不能很好地应对与计算机相关的实际工作。为了使非计算机专业的大学生能够适应社会发展的需求，高校更应该注重培养非计算机专业大学生的计算机技能。

第三节　计算机基础教育课程发展策略

一、制定系统化的课程政策

系统化的课程政策由三个方面构成：一是政策目标，它引领着课程政策的方向；二是政策载体，它以文件或课程标准等形式出现，保障政策目标的实现；三是政策主体，这里的政策主体指两类人，一类是政策的制定者，一类是政策的执行者。课程政策直接影响着课程发展的方向、速度和效率。

（一）将学科、社会与学生发展需要统一作为政策制定的基本价值

学科中心课程、社会中心课程以及学生中心课程是课程理论的三种思潮，而学科、社会和学生也是影响课程发展的三个重要因素。在课程建设之初，课程内容往往取材于社会，因此，当时社会的价值观决定了课程的目标与内容，而科技与生产力的需要则成为课程政策制定的主要依据。同时，随着社会的不断发展，社会的需要又会成为课程改革与发展的重要推动力。正是计算机科学与技术的诞生，开启了中国信息技术课程之门。

传统的学科课程旨在让人们拥有学术知识、锻炼能力。信息技术课程发展初期，在当时的条件下，中国信息技术课程是以学科为中心的，课程内容的选择是以计算机科学与技术学科知识以及相关专家的知识体系为准，并以选修课文件的形式传达下去，这是基于当时中国国情的一种必然选择。当然，这种知识传递方式快速、便捷，能够以最快的速度在全国范围内扩散开来，而且这种课程政策也是具有中国特色的知识传递方式。时代在不断发展，生产力水平也在不断提高，处于这个时代中的人们对课程也有了更多的需求。20世纪90年代以后，中国信息技术课程的设计和政策制定都开始转向对人的关注，所以，才会把目前正在执行的信息技术课程目标定位在对人的信息素养的培养上。

从形式上看，信息技术课程外显为一个知识体系，信息技术课程政策的核心问题是面临如何选择与组织信息技术知识体系中的各类知识，而实际上学生和社会的价值需求也要通过知识来实现，只不过没有外显在课程政策中。因此，可以说，知识是信息技术课程政策制定的内部因素，而学生和社会则是课程政策制定的外部因素，它们给知识赋予相应的价值、使命和作用，让知识突显了其育人的一面，更进一步促进了课程政策的制定与修订。虽然课程政策出台后，我们看到的主要还是知识的选择与呈现，但是应当知道其背后是社会的需要和学生的诉求在起着助推作用。因此，如何使信息技术课程既要满足计算机科学技术学科发展的需要，也要满足社会与学生发展的需要，是信息技术课程政策制定之初需要考虑的问题。

（二）修订课程标准，使"路向"转化为具有约束力的课程政策

课程标准作为课程政策的载体，是课程政策的直接表达。面对社会环境的变化以及多年来课程实施中遇到的问题，急需从国家层面做出回应，那就是对计算机基础课程标准进行修订，这样也能够保证将本研究所设定的"路向"转化为具有约束力的课程政策。

（三）教师专业化发展一体化建设，打通理想与现实之间的通道

教师是计算机基础课程持续发展的生力军，教师专业化发展是计算机基础课程变革需要解决的关键问题。应该从计算机基础课程教师的职前培养与职后培训两个方面进行教师专业化发展一体化建设，为信息技术课程发展作长远规划。

1.整合大学信息技术相关专业，探索计算机基础学科建设新模式

研究表明，计算机基础课程教师要想获得持久的专业化发展，其专业化发展能力尤为重要，而职前教育中所获得的储备是一个关键因素。但是，计算机基础课程教师的可持续发展正面临着大学的相关专业建设和育人机制带来的挑战。为了真正做好信息技术教师职前和在职的衔接工作，必须意识到大学信息技术及其相关专业建设的重要性。

从计算机基础课程教师的质量和来源来看，需要大学在进行学科专业的建设时做到以下两点：第一，各大学在进行专业设置和制订招生计划时，要明确规定此专业的育人价值、课程体系和学生的毕业去向；第二，整合大学信息技术相关专业，在现有专业的基础上将信息技术课程中所设置的内容分别调整至计算机、信息技术、教育技术等领域，学生对这几个领域的学习不是孤立进行的，而是根据需要有目的地整合在一起，并以综合方式呈现学习结果，这是一种信息技术专业内部的整合。

2.提供多种平台，支持信息技术教师专业化持续发展

计算机基础课程改革以来，在国家、地方政府、学校、学科专家、研究者的共同努力下，信息技术课程得到了广泛的认同。在"国培计划"等项目的支持下，信息技术课程在多年的改革实践中逐渐成熟。对信息技术教师来说，正在步入专业化发展与成长的上升期，因此，我们需要提供多种平台支持信息技术教师专业化持续发展。具体来说，可从以下几个方面着手：

首先，可以在国家层面制定信息技术教师专业标准，从而凸显信息技术教师职业的专业性，推进信息技术教师专业化进程。大多数信息技术教师在专业化发展方面有着强烈的诉求，需要教育决策部门、学科专家和广大研究者给出专业化发展的标准，给予他们专业化发展道路上的指导和引领，同时也能够为信息技术教师的资格准入、退出、考核与评价提供依据。

其次，持续开展以"国培计划"为引领的各类培训项目，培训目标定位在信息技术教师专业能力提升上，同时，在培训方式、培训内容等方面做有针对性地调整。

二、开展科学化的课程开发

课程开发的功能在于研究、设计和管理课程要素之间的关系，为了实现预期的目标，这些要素将在教学阶段被使用。因此，科学化的课程开发应该是一个以一种有序的方式组织环境，以协调时间、空间、材料、设备和人员等要素的过程。信息技术课程开发需要从以下三个方面展开。

（一）重视课程开发的民族性

中国正在向经济强国的方向发展，在这个过程中，我们往往会过分关注发达国家的经济、科技及教育的经验并加以吸收和引进，而忽视我们本民族文化传统的传输与教学，这是要引起我们高度重视的。受微软的强势影响，中国目前的信息技术课程的内容平台是 Windows，把 Windows 系统作为当前的默认平台。信息技术教育是围绕着微软的产品进行，使用户从小就习惯使用微软产品。如果我们都习惯了一个操作系统，那么怎么去接受另一个操作系统呢？学生接受了微软产品所承载的文化，等他们长大后，能够在多大程度上接受中国自己研制的操作系统、信息化产品以及信息文化？因此，必须重视课程开发的民族性。

（二）一体化规划各学段的课程标准

一体化规划是基础教育各学段课程标准制定的重要原则。课程标准的一体化规划就是在课程目标和内容上要有清晰的学段性和连续性。目前，不同学段在课程组织上缺乏逻辑性和连续性，而且在课程内容上都是信息技术的理论知识、Windows 操作系统、Word 及 Excel 等软件应用等，信息技术课程成了"微软培训班"，面对这种"重复"劳动，学生对信息技术及相关专业产生了枯燥、乏味的印象。

造成当前信息技术课程组织混乱状态最根本的原因是没有一体化地规划基础教育各学段的信息技术课程标准，这对中国多年的信息技术课程发展来说是一个重大的损失。为了适应不同年龄段学生的认知水平，培养面向未来的技术创造者，在进行各学段的课程标准一体化规划时，需要螺旋式地组织信息技术学科内容和知识结构，使课程内容在不同学段上相互衔接、各有侧重，否则课程内容只能一直停留在教授大众化的信息技术层面，学生也只能是普通的技术应用者。

（三）课程评价方式面向学生未来的专业选择

课程评价方式指的是信息技术课程的学业水平认定方式。课程评价方式有过程性评价、总结性评价。总结性评价是信息技术课程学业水平认定的主要依据，其中，考试是许多国家采取的一项主要的课程评价方式。

近年来，中国很多信息技术课程实验区尝试了会考、等级考试、水平测试等不同形式的课程评价方式，考试形式各有千秋，跳出了"一张纸一支笔"的传统模式。但是，为了达到课程目标的要求，其结果要么就是"技术淡化"，要么就是只考查常识性的知识，甚至考查的知识涉及历史、文学、美术、音乐等多个学科，这在无形中增加了学生和教师的负担，更冲淡了信息技术学科的独立性。

在中国，很多大学都设置了信息技术相关专业，可以培养未来的技术创造者，因此，在中考或高考中可以设置信息技术相关的考试科目。例如，可以根据课程内容的体系，设置几大模块考试以供学生选择，不打算在大学学习信息技术专业的学生就不需要参加考试。这样信息技术课程的边缘性地位会得以改善，学生也会对信息技术课程更加重视。

自从 2014 年教育部出台《关于普通高中学业水平考试的实施意见》（以下简称《意见》），高考改革成为近两年备受社会关注的热门话题，各地也在该《意见》的指导下纷纷出台相应的高考改革政策。该《意见》明确规定，学业水平考试范围覆盖所有科目，防止严重偏科。这些规定对信息技术课程的发展具有指向性意义，其中，对信息技术课程学业水平的认定，就需要以更加科学、合理的方式纳入各地高考改革方案中，而且要面向学生未来大学相关专业选择的需求，这对信息技术课程的设计和实施都提出了挑战。此外，对学业水平考试的命题者也提出了更高的要求，这些都是课程开发时需要考虑的问题。

（四）教师、学生参与课程决策

课程决策分为四个层次，即社会层次、机构层次、教学层次和个人层次。不同层次的课程决策所涉及的范围和侧重点是不同的。社会层次上的决策主要是课程标准的制定、课程目标的确定以及教科书和其他教学材料的编写等。教学层面上的决策主要是具体的教学目标、内容和方法的决策。

1.发挥教师与学生在信息技术教材开发中的主体作用

教材的编写受多方面因素的限制，与编写者自身情况、课程方案、编写周期、编写队伍组成结构有关。信息技术教材的质量决定着其在课堂当中的使用情况。虽然在很多计算机基础教师的眼里，教材已经很好地体现了课程标准的思想、精神和要求，但是从学生层面来看，教材具有实用性不强的弊端，这对信息技术课程的实施产生了消极的影响。因此，应该发挥师生在信息技术教材开发中的主体作用，提升教材在信息技术课程实施中的实用性。

2.信息技术课程的选修内容切实做到教师与学生主导

相关研究显示，有30%的教师能够决定信息技术课程的选修内容，大部分教师则没有这样的权力。这种现象如果长期存在于信息技术课程实施过程中，则会导致教师失去对信息技术课程的教学热情，只是一个"教书匠"，不要说课程的敏感性、创新性，就连基本的课程意识也会逐渐丧失。因此，教材的选定以及教学计划的制订必须有教师的参与，而教师自身也要积极主动地对教材的版本和内容提供实践层面的建议。当然，教师必须考虑学生的主体意愿。如果学生对某个内容感兴趣，自然就会有很强的学习动机。

第四节　计算机基础教育课程发展方向

一、更新计算机基础课程理念

计算机基础课程主体对课程的诉求以及中国计算机基础课程的现状为中国信息技术课程发展的方向构建了一个宏大的时代背景。课程理念是指导课程改革的价值观念，计算机基础课程面临的问题，从根本上说是课程理念的问题。为此，计算机基础课程发展的方向之一就是课程理念的更新。

（一）以"立德树人"为根本任务

《教育部关于全面深化课程改革　落实立德树人根本任务的意见》中指出：立德树人是发展中国特色社会主义教育事业的核心所在，是培养德智体美全面发展的社会主义建设者和接班人的本质要求。课程是教育思想、教育目标和教育内容的主要载体，集中体现国家意志和社会主义核心价值观，是学校教育教学活动的基本依据，直接影响人才培养质量。

中国已经进入信息时代，面对经济全球化的深入发展，作为"数字土著"一代的大学生有着更加自主的思想意识、更加多样的价值追求以及更加鲜明的性格特点。面对日趋激烈的国际竞争，中国除了进一步提高国民的综合素质外，还要培养创新型人才。然而，就在全球上下一片高歌猛进迎接信息社会的同时，各种信息犯罪也频频发生，这些信息犯罪给国家安全以及个人信息安全等带来了巨大的威胁，引起了世界各国的极大忧虑和社会各界的广泛关注，日益成为困扰人们的社会问题。虽然这一社会问题可以通过技术、政策及法律手段解决，但是产生这些社会问题的根源在教育，解决这些问题的根本办法也在教育。这些变化和需求对课程改革提出了更高的要求。信息技术课程作为中国基础教育课程体系中的重要一员，应该在立德树人这一根本任务的要求下进行深刻的变革。

（二）以"核心素养"为育人标准

1."核心素养"的内涵

核心素养这一概念在我国首先出现在教育部于 2014 年颁布的《教育部关于全面深化课程改革 落实立德树人根本任务的意见》中，明确提出要"研究制订学生发展核心素养体系和学业质量标准"。2016 年 3 月，《中国学生发展核心素养（征求意见稿）》向社会发布。"意见稿"中指出的学生发展核心素养，是指学生应具备的、能够适应终身发展和社会发展需要的必备品格和关键能力，具体表现为社会责任、国家认同、国际理解、人文底蕴、科学精神、审美情趣、身心健康、学会学习、实践创新。

课程改革不仅要从社会需要出发，还要从学生自身发展需要出发。核心素养对学生的发展具有根源性和支撑性的作用，它是学生发展的根基，是学生发展的支柱，支撑着学生的未来发展。核心素养将指引信息技术课程进入一个崭新的发展阶段，成为引领教育改革的育人标准。

2."核心素养"指导着课程标准的制定

世界各国和地区所构建的核心素养体系主要有三种：第一种是核心素养体系与课程体系同时存在，其中，核心素养体系由专业机构研发，研发后与学校体系内的课程相整合；第二种是将核心素养体系放置在国家课程体系中，核心素养体系处于课程体系的上一个层面，并通过核心素养中的各素养指导着课程体系的建设和开发；第三种情况是不单独设置核心素养，由国家课程体系的目标聚合而成为核心素养的外在表现。不管是何种模式，核心素养都与课程有着密不可分的关系。

因此，在后续的信息技术及其他课程的课程标准修订过程中，核心素养应该成为重要的参照系。中国的核心素养体系是指每一门课程可以给核心素养作出什么贡献，每一门课程在制定的过程中都会涉及本学科知识的构建，学科知识在呈现之前都应该对本学科的核心素养进行界定，再以其为依据进行知识体系的构建。核心素养既是可习得的，也是可测评的。目前来看，中国信息技术课程只有内容标准，没有结果标准，并且在评价上只是给出"评价建议"，导致评价设计不够科学。因此，信息技术课程评价需要指向核心素养并在课程标准中细化评价的标准与等级。

二、优化计算机基础课程目标

课程目标描述的是学生学习达到的预期效果。课程目标应当与教育目的和教育理念一致，同时也是课程设计、课程内容选择的依据。信息素养作为计算机基础课程目标已经不能完全满足学生发展的需要，此外，学生也表达了对课程应该培养创新能力的诉求。因此，需要优化计算机基础课程目标以满足学生发展的需要。

（一）养成数字素养

1. "信息素养"作为课程目标的局限性

"信息素养"在 21 世纪初被引入信息技术课程，在中国教育信息化的进程中起到不可替代的作用。但是，时至今日它仍是一个宽泛的概念，涉及的领域也是方方面面的，没有明确的学科归属，翻看中国其他课程的课程标准，也能找到"培养信息素养"这样的目标定位。此外，信息素养对教师的课程实施来说显得过于上位，往往给人的感觉是"无从下手"。因此，在核心素养理念的引领下，中国信息技术课程目标优化过程中的基础工作就是对信息技术课程目标原有的主导词语"信息素养"进行优化，给信息技术课程目标一个更清晰的定位，找到一个最能体现学科特色和育人价值的专业术语来统领课程目标。

2. "数字素养"是"信息素养"的延伸

"素养"是一个不断发展和丰富的动态性的、开放式的概念，当一种生活行为或方式日益大众化时，传统的素养内容的作用或价值也就日益边缘化，其教育效果也逐步减弱，客观上需要提出并倡导一种新的素养来与之相适应。

"数字素养"是在信息素养的基础上提出的，从媒介素养、计算机素养、网络素养一路延伸而来。其中，媒介素养起源于 20 世纪 30 年代，其提出是为了应对大众传媒给民众带来的冲击。媒介素养是指人们对媒介信息的选择、理解、质疑、评估的能力以及制作和生产媒介信息的能力。计算机素养出现在 20 世纪 80 年代，有学者把对计算机处理能力的意识称为计算机素养。网络素养是指人们了解、分析、评估网络和利用网络获取、创造信息的能力。网络素养是个体在网络社会利用互联网进行学习、工作、交流和发展的一种综合能力，是一个由信息技术、思想意识、文化积淀和心智能力有机结合的能力系统。

数字素养正是信息素养在数字时代的升华与拓展，是经过媒介素养、计算机素养、信息素养和网络素养的流变所形成的一个综合性的、动态的、开放的概念。笔者认为，数字素养就像读、写、算一样，是学生学习信息技术课程后所必须掌握的基本技能。

（二）培养技术创新能力

1.技术创新能力的内涵

吉尔福特（J. P. Guilford）认为，创造力是个体产生新的观念或产品，或融合现在的观念或产品而变成一种新颖的形式。马斯洛将创造界定为自我实现，自我实现的创造力表现于日常生活中，就是做任何事都具有创新的倾向。张玉山认为，技术创新能力是个体在从事科技活动过程中表现的创新能力，与一般的创新能力不同，技术创新能力的内涵不只是多种意念的提出，同时更要有工具的操作与材料的处理，最后也要有成果的出现，也就是要包含科技的程序。吴明雄指出，技术创造力至少应包括两种能力：一是创造思考能力，二是技术创新设计能力。

大多数学者认为，创新能力是个人与环境交互作用的产物，而技术创新能力就是人与技术交互作用的产物。叶玉珠对技术创新能力的界定最具代表性，她认为技术创新能力是个体以技术专业领域知识为背景，结合其他领域的相关知识、技能和特性、个人意向、经验、认知技巧及环境因素等，对技术领域部分产生发明创造或是现有技术革新，达到效率更高、更实用的器物或更美观的产品的一种能力。

2.技术创新应该成为信息技术课程的高阶目标

信息时代，信息技术正在不断地走向成熟，未来需要的是技术的创新以发展信息技术产业。因此，信息技术课程目标应该从培养信息技术的使用者转向培养信息技术的创造者。信息技术的创造者面对的是高级复杂事物，从事的是创造性工作，必须具备技术创造力。具备技术创新能力的人能够以更好的方法完成某项任务，从而提高生活质量。

具备技术创新能力的人是未来信息技术行业的高级人才，我们需要这些高级人才引领科技的发展、社会的进步，从而形成中国在未来技术创新上的竞争力。从学生发展的角度来看，可以把数字素养看作信息技术课程的通识目标，把技术创新看作信息技术课程的高阶目标，而技术创新能力的培养需要以数字素养的养成为基础。

三、构建计算机基础学科核心素养

（一）信息技术学科核心素养的内涵

核心素养不同于一般意义的素养概念，核心素养是指学生应具备的适应终身发展和社会发展所需要的必备品格和关键能力，突出强调个人修养、社会关爱、家国情怀，更加注重自主发展、合作参与、创新实践。从价值取向上看，它反映了学生终身学习所必需的素养与国家、社会公认的价值观；从指标选取上看，它既注重学科基础，也关注个体适应未来社会生活和个人终身发展所必备的素养，不仅反映社会发展的最新动态，同时注重本国历史文化特点和教育现状。核心素养既是一种跨学科素养，也是知识、技能和态度等的综合表现。核心素养既包括问题解决、探究能力、批判性思维等认知性素养，又包括自我管理、组织能力、人际交往等非认知性素养。更重要的是，核心素养强调的不是知识和技能，而是获取知识的能力。

核心素养是所有学生都应该具备的共同素养，是最关键、最必要的共同素养。每个人在终身发展中都需要具备许多素养，以满足生活的各种需要。这些所有人都需要具备的共同素养可以分为核心素养和由核心素养延伸出来的其他素养，其中最关键、最必要且居于核心地位的素养就被称为核心素养。核心素养代表了个体普遍应该达到的最低要求，是每个个体都必须具备的素养。

学科核心素养是学科的灵魂，信息技术课程作为一门学科课程，承担着发展学生核心素养的重任，理应有本学科的核心素养。各学科需要结合本学科内容与特点提出该学科实现核心素养的具体目标。关于核心素养与教育目标、学习结果的关系，有学者认为学科素养是学科教育目标的具体化，是学科育人价值的集中体现。无论是数字素养还是技术创新能力，都不能成为课程改革过程中的一个口号，把它们落到实处就是构建信息技术学科核心素养体系。

"素养"为个人完成某种活动所必需的基本条件，既包含能力，也包含知识、方法、观念等。若从"素养"的本义延伸看，信息技术学科核心素养应是一个人通过信息技术学习而获得的信息技术知识、技能、方法与观念，或者说是个人能够从信息技术的角度观察事物且运用信息技术解决问题的内在涵养，由信息技术知识、信息技术方法、信息技术观念等组成。

信息技术学科核心素养应是最具学科本质的东西，不应该随着时代和国界的不同而不同；信息技术学科核心素养应是最能体现信息技术学科内在价值的关键素养，是学科固有的，不应该是通过其他学科的学习能够替代的；信息技术学科核心素养应是学生借助信息技术学习过程形成的解决实际问题所需要的最有用的知识、最关键的能力、最需要满足终身发展所必备的观念。因此，信息技术学科核心素养应该由计算思维、数字化学习和信息意识构成，其中，计算思维体现信息技术学科的学科本质，数字化学习是信息技术学科的学习方式，信息意识是信息技术学科的育人价值。

（二）信息技术学科的本质：计算思维

从系统科学的角度来看，信息系统是由人、技术和信息三个核心要素组成的系统，它的功能就是在人与技术的相互作用下，完成信息的输入、处理和输出。从管理学的角度来看，信息系统是一个面向对象的系统，这个对象就是人，人既是信息系统的生产者，也是信息系统的消费者。

综合国内外的研究以及信息技术课程的本质需求，笔者认为，具备计算思维的学生能够形成像计算机运行程序时一样的思维方式，有的人是分支式思维，有的人是循环式思维，有的人是递归式思维，等等。对学生来说，计算思维主要表现在以下几个方面：①在信息系统的消费和创新活动中能够用计算机处理的方式去界定问题、抽象问题特征、建立模型、组织数据；②利用信息系统中的信息和计算机设计解决问题的算法与方案；③总结利用计算机解决问题的方法并将其迁移到其他问题的解决中。

（三）信息技术学科的学习方式：数字化学习

2015 年 11 月，联合国教育、科学及文化组织在其第 38 届全体大会上发布的研究报告《反思教育：向"全球共同利益"的理念转变？》对学习进行了界定："学习可以理解为获得这种知识的过程。学习既是过程，也是这个过程的结果；既是手段，也是目的；既是个人行为，也是集体努力。学习是由环境决定的多方面的现实存在。获取何种知识以及为什么，在何时、何地、如何使用这些知识，是个人成长和社会发展的基本问题。"这一定义意味着今后的教育将以"让人们学会学习"为重点。学习方式的习得就是习惯的养成。为此，信息技术学科应当鼓励有意义的创造，将学习者培养成数字化学习的主人，培养成学习过程的主动知觉者。信息技术课程在学生的数字化学习方面具有得天独厚的优势，为学生提供了数字化的学习环境。此外，现行的课程标准也规定了通过信息技术课程构建数字化的平台。因此，学生可以利用信息技术教学过程中所构建的环境进行数字化学习。

第六章　计算机基础教育教学模式

信息技术发展迅速，几乎各行各业都有计算机产业的涉足，这也为计算机软、硬件方面的技术人才提供了广阔的就业空间，更是为计算机专业的学生提供了机遇。但是，随着社会的发展，计算机行业对人才的要求越来越高。基于此，本章节对计算机基础教育教学模式进行了探究。

第一节　翻转课堂教学模式

一、翻转课堂的定义

翻转课堂是指学生课前利用教师提供的音频、视频、电子教材等数字化学习材料自主学习课程内容，课堂上参与教师组织的讨论、探究等互动活动，完成课程学习任务的一种教学模式。翻转课堂，又称为"颠倒课堂"，其教学过程包含两个阶段：一是知识传授，二是知识内化。在翻转课堂教学模式中，教师根据自己的教学计划布置学生课前预习的内容，学生主动利用各种开放资源获取知识，在课堂上通过讨论、探究完成学习任务。

在传统的教学模式中，知识习得需要经历知识讲授、知识内化和知识外化三个步骤，教师在课堂上完成知识的讲授，而学生在完成课后任务中实现知识内化。随着现代信息技术的发展，学生可以通过"云课程"自主学习，当在学习中遇到困难时，可以向教师请教，既保证师生之间的平等交流，也保证学生所学知识的进一步深化。简单来说，从先教授后学习转向先学习后教授，这就是所谓的翻转课堂。

近年来，翻转课堂教学模式在国内引起巨大反响。作为一种基于现代信息技术的新型教学模式，翻转课堂颠覆了传统教学模式，鼓励学生自主学习。总之，翻转课堂既不是在线课程，也不是利用教学视频代替教师，它只是师生之间互动学习的一种方式，学生在教师的指导下获得个性化发展。

二、翻转课堂的特征

（一）翻转的教学过程

传统的教学模式是教师在课堂上讲授相关知识，学生记笔记，教师布置作业，学生在课后完成作业。而翻转课堂打破了传统的教学模式，转变为课前学生在家自主观看教师上传的微课视频并完成相关练习，课堂上学生进行小组合作学习，教师与学生面对面交流，帮助学生完成对知识的内化和吸收。

（二）新颖的组织形式

传统的课堂教学是教师用一种教学方法教所有的学生，有的学生进步很快，有的学生却止步不前。翻转课堂改变了传统课堂"以一对多"的教学方式，让学生进行小组合作学习，互相交流，共同进步；学生在遇到困难时，教师可以对其进行一对一的辅导；学生在自主学习中可以培养自己的兴趣、爱好，实现个性化发展。

（三）变换的课堂主体

在翻转课堂中，学生是课堂的主体，教师成为学生学习的辅助者，帮助学生发现并解决问题，真正实现以学生为本的教育目的。

（四）优质的教学资源

微课视频的质量直接影响学生对主要内容的学习、对重难点的把握等。学生在观看微课视频的过程中可以重复观看、暂停、记笔记等，有利于学生复习。

（五）多样的评价方式

翻转课堂有多种评价方式，既可以对学生进行过程性评价、结果性评价，也可以从语言表达、逻辑思维等方面对教师进行评价，以此促进教师教学水平的提高。

三、翻转课堂的构成要素

（一）课前内容传达

翻转课堂教学的基础在于课前内容的有效传达。就目前来说，教师往往采用教学视频与纸质学习材料两种形式传达教学内容，其中，教学视频被认为是最基本的形式。教学视频的来源主要有以下两种途径：

1.使用现有的教学视频

使用现有的教学视频是教师的最佳选择，主要基于以下两个方面的考虑：第一，教师在面对视频录制仪器时可能会产生紧张心理，从而影响教学效果。因为视频录制通常是教师面对机器自言自语，这与传统授课形式带来的心理感受完全不同；第二，教师的教学任务繁重，没有时间、精力制作教学视频，如果教师可以在网上找到与该门课程相关的高质量的教学视频，那么就可以省去很多精力。

2.制作新的教学视频

教师除了使用现有的教学视频，也可以制作新的教学视频。当然，这需要教师有时间和精力。具体来说，教师可以从以下几个方面着手：①运用录屏软件捕捉电脑屏幕上的幻灯片演示和操作轨迹；②运用麦克风录制讲述的音效；③运用手写板实现平常书本上的书写效果；④运用音频编辑软件加工录制的声音。此外，教师制作的教学视频应短小精悍，如果教学视频太长或内容过于复杂，则往往不能激发学生的学习兴趣。

（二）课堂活动组织

在组织课堂活动的过程中，教师应注意以下几点：

第一，课堂上，教师解释重点、难点，通过网络多媒体实现在线测试。学生在完成测试后，可以即时获取网络背景知识和学习资源，同时能与自己之前的测试结果进行比较，从而加深和巩固知识。

第二，教师在安排学生学习时，应按照从初级认知的识记理解到高级认知的综合应用这样一个逐步递进的过程进行。教师在安排学生学习语言、文化知识的同时，还需要组织与此相配合的学习活动，让学生在已有知识的基础上加深对不同文化知识的理解。

第三，在合作学习的基础上结合个体学习，这是因为个体学习有助于学生充分领会和识记知识信息。

（三）课后效果评价

翻转课堂主要采用个性化的学习测评，即教师根据自己的教学经验判断学生对知识的掌握程度。这种即时测评的优点是有利于教师纠正学生对知识的误解，根据学生的认知差异指导学生学习。翻转课堂兴起的时间较短，其评价与测试形式还不完善，主要是教师与学生之间的交流沟通，教师根据学生的个性特征加以引导。此外，教师还需要通过更多渠道展示学生的学习成果，让学生获得成就感，提升他们的自信心，调动他们学习的积极性和主动性。

四、翻转课堂的意义

在传统的课堂教学中，为了促使学生学习和掌握知识，教师需要密切注意课堂纪律与学生的注意力，以免学生因某些事情分心而影响学习进度。但在颠覆了传统教学模式的翻转课堂教学中，这些问题都不存在，而且学生学习的效率显著提高。

（一）改变传统的学习观念

一方面，翻转课堂有助于成绩不好的学生反复学习。在传统课堂教学中，教师总是将关注的重心放在成绩优秀的学生身上，这些学生可以跟上教师讲课的进度，积极主动地回答教师的问题，但其他学生则往往被动听课，有的学生甚至完全跟不上教师讲课的进度。在翻转课堂中，学生可以随时暂停、重放教学视频，直到自己看懂、理解为止。

翻转课堂可以节省教师的时间，让教师将更多精力投入到成绩不好的学生身上。

另一方面，翻转课堂有助于师生互动，改变了传统教学模式中师生之间的相处方式。在翻转课堂中，教师与学生可以一对一进行沟通交流。如果有些学生对某一知识点存在疑问，那么教师可以将这些学生集中起来，对他们进行特别指导。另外，在翻转课堂中，教师不是学生知识的唯一来源，学生与学生之间也可以相互学习。

（二）增强学生的主动意识

翻转课堂加强了师生之间和生生之间的学习互动，使学生的主观能动性得到最大程度的发挥。在翻转课堂中，学生根据教师提供的资源先进行自主学习，这充分体现了学生的主体地位，然后学生在课堂上与教师展开学习方面的探讨，进一步掌握与深化知识。

（三）促进课堂管理的人性化

一方面，翻转课堂将学习的主动权还给学生。虽然传统课堂中教师也会辅导学生，但由于受传统理念的影响，这些教学改变只存在于形式上，教学活动仍侧重讲授，学生没有占据主体地位。但在翻转课堂中，学生占据主体地位。

另一方面，翻转课堂淡化了学生对教师的依赖。这是因为翻转课堂中知识的习得置于首位，学生的自主性逐渐提高，有效淡化了学生对教师的依赖。在自主学习的过程中，学生不得不将获取帮助的想法转向其他同学。经过一段时间后，学生便形成一种习惯，即主动接受学习知识的过程，与其他同学探讨和交流，而这在提升学生知识水平的同时，有助于提升学生的交际能力。

五、翻转课堂的运用

翻转课堂自产生到现在得到广泛关注，但因翻转课堂还未形成统一的教学模式，关于翻转课堂的实践操作也未统一，很多学者经过研究后，提出了翻转课堂教学模式应用的基本流程。

在综合翻转课堂教学基本流程及教学理念的基础上，教师根据具体的教授内容形成了多种教学流程，但总体而言，主要涉及以下两个层面：

（一）课前安排

在开展翻转课堂教学之前，教师要先为学生准备充足的学习资料，如电子教材、参考书籍、微视频等。下面对电子教材和微视频的设计进行说明。

1.电子教材的设计

教师在设计电子教材时，应注重内容的完整性。也就是说，纸质教材的内容及附加的如音频、录像、解释材料等内容都应包含在电子教材中。此外，还有语料库数据、相关网站等，可以通过链接的形式融入电子教材，以便学生使用。

总的来说，电子教材的设计应遵循以下原则：

（1）模态协作化

电子教材涉及多模态形式，教师设计时需要考虑以下因素：一是现有的设备是否适合使用多模态；二是运用多模态能否产生正面效应；三是多模态的运用是否会出现冗余；四是多模态形式是否能够强化和互补。

（2）模态分配分类化

模态分配分类化是指教师根据不同的教学条件和教学对象分配不同的模态组合。教师在设计电子教材时，需要考虑学生的认知能力和知识水平。

（3）模块化

模块化是指电子教材的设计以阶段性目标为核心，教师根据这一目标为学生设计电子教材，并在此基础上设计完成任务和目标。

（4）协作化

在多模态学习的环境下，学生要相互协作，以小组的形式完成学习任务、学习目标，进而提升整个小组成员的知识水平。

（5）个性化

电子教材设计的个性化强调教师从学生的个性特点出发组织教学。由于学生的起点不同，其使用的模态也必然不同。教师为学生提供多种可供选择的教学模态，有助于激发学生的学习兴趣。

2.微视频的设计

微视频是当前翻转课堂教学模式常用的学习资源，具有很强的针对性，是课前学习的核心内容。教师根据每堂课的教学目标准备 2～3 个微视频，一个微视频介绍一个知识点，如果微视频的内容太多则会影响学生学习与理解。对于微视频的设计，教师需要注意以下几点：

第一，学生在课前学习过程中可以利用网络软件与其他同学沟通交流，解决自己在学习过程中的疑问。

第二，教学视频的视觉效果、互动性、时间长短都会对学生的知识习得产生影响，因此，教师要合理设计微视频，以帮助学生将新旧知识联系起来。

第三，教师不仅要重视微视频的视觉效果，还要突出学习的要点和主题，根据知识结构设计活动，为学生构建内容丰富、形式新颖的学习平台。

第四，教师可以将微视频上传到网络上，方便学生下载学习。

第五，学生在当完成微视频的学习后，需要对自己的学习情况进行总结，如果遇到问题，可以将这些问题反馈给组长，由组长向教师汇报。

（二）课堂教学

翻转课堂的教学过程大致可分为五个步骤：合作探究、个性化指导、巩固练习、反馈评价和课程总结。

1.合作探究

合作学习实际上就是小组学习，教师在分组时要注意小组成员在能力水平、知识结构上的多样化。教师合理分组可以均衡小组成员的特点，从而有利于他们开展良性的合作与竞争。一般来说，小组成员应该遵循"组间同质，组内异质"这一原则，保证小组成员具有不同层次的知识水平，使任务顺利完成。在小组内部，每个成员都有自己的位置，在不同的任务阶段发挥不同的作用。

小组合作的内容要具有可操作性，即设置的问题是能够进行讨论的。在课堂教学开始前，教师应根据不同的学习内容和任务明确分组的原则，规定小组内各个成员的任务以及完成任务的时间。需要注意的是，学习任务不能太笼统。如果学习任务太笼统，在完成任务时就有可能出现有的成员出力较多而有的成员完全不出力的情况，不利于小组成员合作精神的培养。在合作学习中，教师作为引导者，应该为学生安排具有一定难度系数的任务，这样可以最大限度地调动他们学习的兴趣与积极性。此外，教师还可以为不同的学习小组制定不同的学习任务，使小组间能够相互合作、共同学习、共同进步。

小组合作学习并不是在任务开始时就要求一起完成任务。事实上，在任务刚开始时，教师应该让小组成员先根据任务的要求独立思考，之后小组成员就自己思考的结果进行交流，发表自己的观点，最终将所有的观点与看法汇总后达成一个令每位成员都满意的结果。当然，小组内还需要一个发言人，这个发言人需要向教师反馈讨论的结果。

2.个性化指导

在小组成员合作探究学习的过程中，难免会遇到各种各样的问题，教师可以针对小组成员所遇到的问题进行个性化指导，帮助他们排除学习过程中的障碍。对于那些学生普遍存在的问题，教师可以将其集中起来予以解答。

3.巩固练习

教师在对学生进行个性化指导之后，各小组成员对学习任务的结果进行总结、归纳，然后通过一定的练习加深印象，对学习过程中的重点、难点及时进行巩固。另外，这一阶段需要各个小组间相互学习，分享学习经验。

4.反馈评价

在小组成员完成合作学习之后，教师需要对小组合作学习的结果进行评价。教师不仅要评价学生的学习过程和结果，还要对小组之间以及小组内部各位成员的表现进行评价。在对各小组进行评价时，教师需要将重心放在整个小组任务的完成情况上，而不是放在某个小组成员的成绩上。同时，教师还需要评价小组内成员参与的主动性、积极性，这样既可以为其他小组的成员树立榜样，还可以激发小组内成员的热情，调动学生学习的积极性，防止学生产生依赖心理，从而更好地进行合作学习。

5.课程总结

课程总结是合作探究的最后一步。在这一阶段，教师安排各个小组之间展开交流，彼此沟通学习过程中的信息，同时对小组成员的具体表现给予合理评价。需要注意的是，教师应尽量给予学生积极向上的评价，确保每个小组都能圆满完成学习任务，达到既定目标。

　　总之，翻转课堂不仅能够使学生的课前预习效果得到强化，而且能够使学生的课堂学习效率得到提升。对于教师来说，通过课堂活动使学生知识内化既是教师的重要任务，也是翻转课堂教学的目的。因此，教师在设计课堂任务时应充分利用情景、对话等要素，引导学生体验知识，实现知识的内化。

第二节　微课教学模式

一、微课的内涵

　　关于微课的定义，从字面意思来看，可以作以下三个层面的解释：首先，从"课"这一层面来看，微课是"课"的一种，是内容短小的教学活动；其次，从"课程"这一层面来看，微课是有计划、有目标、有内容、有资源的课程；最后，从"教学资源"这一层面来看，微课具有丰富的教学资源，如数字化的学习资源包、在线教学视频等。

　　深入探究微课的内涵可以发现，微课是一种具有单一目标、短小内容、良好结构、以微视频为载体的教学模式。通过正式或者非正式的学习方式，人们对内容短小、主题集中、与实践紧密结合的专业知识进行学习，从而提高学习效果、促进知识内化，是微课的最初理念。

　　基于这一理念，我国很多学者对微课进行了研究，并提出了自己的观点。黎加厚认为，微课是时间设定在十分钟内，教学目标明确、内容短小，能够对某一问题集中说明的微小课程。焦建利认为，微课是以某一知识点为目标，其表现形式是短小精悍的在线视频。胡铁生、黄明燕、李民认为，微课又可以称为"微型课程"，是在学科知识点的基础上构建和生成的新型网络课程资源。微课以"微视频"为核心，包含很多与教学配套的拓展性或支持性资源，如"微练习""微教案""微反思""微课件"等，从而形成一个网页化、半结构化、情境化、开放性的交互教学应用环境和资源动态生成环境。

上述学者的微课概念各有针对性，并在一定程度上反映了微课教学模式的基本特征，虽然具体内容存在一些差异，但是其理念基本一致。总体而言，微课从本质上是一种支持教与学的新型课程资源。微课与其他与之匹配的课程要素构成微课程。这里有必要区分一下微课与微课程，就两者的关系而言，微课被包含于微课程之中，微课程包含着微课，两者密不可分，但又不等同。

二、微课的特征

（一）教学时间短

微课的时间一般在10分钟左右。为什么微课的时间规定在10分钟左右呢？这源于国外的脑科学研究成果——注意力十分钟法则。国外研究证明，在一节课中，学生的有效注意力时间约为10分钟。微课时长的确定，正是根据学生学习的认知特点设定的。微课时间短，可以避免学生因学习时间长导致注意力分散的情况出现，其目的是使学生在短暂的时间内高效地完成学习任务。

（二）教学内容精

由于微课时长短，所以微课的内容必须精致。一般来说，一节微课应针对某一个小的知识点进行讲授，因此，教师在设计微课内容时必须精致、紧凑。

（三）资源容量小

一般情况下，微课资源的容量在几十兆左右，这样的容量使得视频在互联网上的传播成为可能，便于学生和教师交流。

（四）学习移动性

微课资源容量小，除了能给交互式学习提供便利，还能使移动学习成为可能。移动学习是指在数字化学习的基础上，通过有效结合移动计算技术，带给学生随时随地学习的全新感受。移动学习被称作当前教育信息化发展下的学习革命，也被认为学生在未来学习时不可缺少的学习模式。学生可以利用多种播放器观看视频，这正是微课学习移动性的体现。这种学习的移动性，使得学生的学习更有效率，并且给学生带来多元化的学习体验，促进学生自主学习。

（五）学习自主性

微课是一种以建构主义理论为指导思想的教学模式。它是以在线学习或移动学习的方式向学生传授一些简要、明确的主题或关键概念。这种形式有异于传统的课堂教学，在整个教学过程中，学生的学习活动不受教师的监控，完全是一种自主的学习。在学习内容方面，学生具有很大的自主选择性。在学习过程中，学生不仅可以根据自己的喜好和疲劳程度，随时开启或终止学习，也可以根据自己的理解程度反复观看微课视频。从某种程度上说，这种学习的自主性也是学生学习个性化的体现。

三、微课的构成要素

（一）目标

目标是指教师预期微课的适用阶段以及期望微课所要达到的效果。因此，微课的目标主要包括以下两层含义：①应用目的，即教师设计、开发微课的原因，这与微课是在课前、课中还是课后运用有关，如教师制作的练习讲解的微课是为学生的课后练习提供指导；②应用效果，即教师在使用微课后期望学生能够解决具体问题，如掌握某一题目的解题技巧、引发思考等。通常，微课的目标是具体、明确、单一的，其对微课内容和应用模式的选择有着重要的指导意义。

（二）内容

内容是指为微课预期目标服务的，与特定学科相关的、有目的、有意义的信息与素材，也是教师实现预期目标的信息载体。教师应根据微课的目标，结合学生的学习情况以及准备应用的教学阶段等设计微课的内容。微课的内容不同，教师对教学活动的设计也不同。但是，由于微课的时间很短，内容上往往具有主题明确、短小精悍的特点，因此，教师必须精心设计微课的内容。

（三）活动

活动是主体与环境相互作用的过程，其中，环境涉及主体本身、其他主体以及客体。具体而言，微课中的活动是指教师这一活动主体与特定的微课内容这一客体之间的相互作用过程，通过这种相互作用，向学生有效传递教学信息，以帮助学生理解课程内容。教师教的活动是实现微课目标的一种有效方法，具体可分为教师的演示、讲授、操作等活动类型。

（四）交互工具和多媒体

教师要顺利完成教学活动，需要借助一些特定工具，保证学生正确理解微课的内容，从而实现学生与微课的交流。这些特定工具包含以下两种：一是交互工具，能够促进学生与微课进行操作交互和信息交互；二是多媒体，能够帮助教师表达和解释教学内容，提高学生与学习资源间的交互性。

总的来说，微课的构成要素是相互影响、相互关联的，了解这些有助于教师构建数字化的课程资源。

四、微课的类型

（一）讲授类

讲授类的微课主要适用于教师使用生活化、口语化的方法向学生传授知识与技能。

（二）问答类

问答类的微课就是教师向学生提出问题，也存在一些自问自答类的微课。教师提问完，让学生暂停观看视频，学生思考后得出自己的答案，然后继续观看视频。问答类的微课可用于课前导入和课后练习，主要是引导学生自主学习或者巩固所学知识。

（三）启发类

启发类的微课要求教师根据学生的实际水平，结合当前的教学目标、教学重点与难点、教学任务等创设适合学生的学习环境，调动学生的学习兴趣和积极性，从而让学生独立思考，解决自己在学习过程中遇到的问题。

（四）讨论类

讨论类的微课在课堂教学活动中是非常适用的，通过围绕某一主题或者中心主旨，让学生发表自己的看法和观点，有助于学生开拓学思路。

（五）演示类

演示类的微课通过将教具或者实物清晰地展现给学生，或者给学生呈现示范性实验，让学生通过观察获取知识。

（六）练习类

练习类的微课主要是为了检测课堂教学的成果或者巩固学生的自主学习效果。学生只有通过反复完成某一动作，才能掌握其要领。

（七）自主学习类

在自主学习类的微课中，学生占据主体地位，在学习过程中发挥主观能动性，通过分析、探索、实践等达到自主学习的目的。

（八）合作学习类

合作学习类的微课在学生与学生之间、小组与小组之间是非常适用的，主要是为了彼此之间可以相互交流，以增强学习的效果。

（九）探究学习类

在探究学习类的微课中，学生发挥主观能动性，对新知识或者未知领域进行探索，再加上现有条件和资源的辅助，获取知识和技能。

五、微课的意义

（一）主题鲜明，内容具体

微课的开展是建立在某一主题上的，其探讨的问题主要来自具体、真实的教学实践。例如，教学实践中关于教学策略、学习策略、教学重点与难点、教学反思等方面的问题。

（二）反馈及时，针对性强

微课教学内容少、教学时间短，可以在短时间内集中开展"无生上课"活动。因此，教师和学生都可以迅速获取反馈信息。此外，每位学生都可以参与课前组织预演，这在一定程度上减轻了教师的压力，保证了教学活动的顺利开展。

（三）成果简化，多样传播

由于微课教学主题鲜明、内容具体，因此其成果易于转化和传播。同时，由于微课教学时间短、容量小，因此其传播方式也是多种多样的。

（四）教学内容少，符合教师需要

微课主要是对课堂教学中某一知识点的凸显，或者是对教学中某一环节的反映。与传统教学内容相比，微课教学内容少，更符合教师的需要。

（五）教学时间短，具有针对性

通常，微课教学视频时长为3～8分钟，相比之下，传统课堂教学时间长，一般为40～45分钟。因此，微课常常被称为"微课例"或"课堂片段"。

（六）资源容量小，利于互动交流

一般情况下，微课教学视频及配套资料的容量较小，而且视频格式多为支持网络在线播放的流媒体格式。微课这一特点有助于教师与学生互动交流。

六、微课的运用

（一）微课选题

微课的开展是建立在特定的主题基础上的，这些特定的主题包含某个知识点、某个核心概念、某个教学活动或者某个教学环节，具有明确的教学目标和教学内容，并且能够在较短的时间内解释清楚，帮助学生较快地掌握特定主题的内容。微课的内容可以是技能演示、知识讲解、知识拓展、题型精讲、方法传授、知识总结归纳、教学经验交流或者教材解读等。对于那些与主题不相关、没有任何特色的内容或活动，在设计和制作时可以摒弃。

（二）教学设计

教师在设计与制作微课时，应尽量减少学生的认知负荷。根据认知负荷理论，学习材料的组织方式、呈现方式、复杂性以及个体的先验知识是影响学生认知负荷的基本要素。但是，由于微课具有内容短小、主题明确等特点，因此教师要想保证微课的内容形象生动，就需要将复杂的问题简单化，即适度安排原生性认知负荷，将无关性认知负荷减少到最低。

（三）视频制作

在视频开始时，教师既可以采用开门见山、承上启下、设置悬疑等形式引出主题，也可以从学生熟悉的视角引出主题，但相比较而言，后者的效果会更好；在内容讲解上，应该明确、清晰，突出重点；在收尾环节，应该简洁明了，给学生留下足够的思考空间，这样不仅可以减轻学生的记忆负担，还能加深学生的印象。

（四）辅助材料

除视频外，微课的开展还需要与之相关的支持材料。一般来说，这些支持材料包括教案、学案、教学内容简介、教师课后的教学反思、学生的反馈、专家的点评等。但是，这些支持材料并不是都包含在微课内的，教师应从教学内容、教学目标出发进行选择。

（五）上传与反馈

教师在制作完成微课视频及其相关支持材料后，应该将其上传到网络上。如果微课视频及其相关支持材料是教师为了教学而专门设计与制作的，那么教师就应该将其传到教学网络平台上，并按照用户的评价进行反思或者作出反馈。当前，与微课教学相关的网络平台并不是很多，大多是为了参加微课设计与制作的比赛而设立的，具有明显的评比色彩。

（六）评价与修改

微课的评价与修改需要考虑以下三个方面：

1.教育性

微课的教育性主要涉及教学目标的设定、教学内容的组织、教学策略的使用等。具体而言，微课教学目标明确，凸显教学主题；教学内容组织有序，每个环节安排恰当、承接自然；教学策略新颖，表现形式恰当、生动、有趣；配套的学习资料与教学主题紧密结合。

2.技术性

微课的技术性主要涉及微课本身的艺术性、微课平台的共享性等。微课应确保技术规范，即码流和分辨率严格按照规定设计，同时，在布局上，文字与色彩合理搭配，与学生的认知风格相符。

3.应用性

微课的应用性是建立在其教育性与技术性的基础上的，如果微课具有良好的教育性和技术性，那么必然能够保证良好的应用效果。

第三节　Webquest 教学模式

一、Webquest 教学模式简介

（一）基本概念

Webquest 是美国圣地亚哥州立大学的道奇（B. Dodge）等人于 1995 年开发的一项课程计划。"Web"是"网络"的意思，"quest"是"寻求""调查"的意思，而"Webquest"在汉语中还没有一个与之相匹配的词汇。Webquest 是一种"专题调查"活动，在这类活动中，与学习者互相作用的信息均来自互联网上的资源。根据这一意思，可以将其译为"网络专题调查"。

Webquest 是从传统的课堂接受式学习到完全开放的研究性学习中间一个很好的过渡，它能在原有的班级授课的形式下，帮助学生开展自主选题、自主探究和自由创造的研究性学习。

（二）分类

根据完成时间的长短，Webquest 可以分为短周期和长周期两种。短周期的 Webquest

一般在一至三课时完成，其教学目标是获取与整合知识，学习者需要处理大量的新信息并最终形成对这些新信息的意识。而长周期的 Webquest 一般耗时一个星期至一个月，其教学目标是拓展与提炼知识，学习者需要深入分析"知识体"，学会迁移，并能以一定的形式呈现对知识的理解。

（三）组成

Webquest 教学模式虽然有短周期和长周期之分，但是两者的组成都是由以下六大模块构成：绪言、任务、过程、资源、评估和结论。这些模块的设置有利于学习者明确学习目标、获得帮助资源、了解评价方式、拓展学习方式等。其中，每一个模块都能自成一体，教师可以根据教学目标以及学习者的基本情况对模块进行修改。

1.绪言

绪言的目的主要有两点：一是给学习者指定方向；二是通过各种手段提升学习者的学习兴趣。

2.任务

任务模块是课程教学目标的具体化。一般由教师设计任务，这个任务必须是切实可行的、明确的、有趣的。任务通常是成人工作或生活中所发生事件的微缩版本。教师可以给学生一个明确的学习目标，使学生集中精力完成任务。在完成任务的过程中，提升学生分析问题与解决问题的能力。任务的最终结果可以是一件作品，可以是某一特定主题的书面或口头报告，还可以是其他形式的学习成果。

3.过程

在 Webquest 的过程模块中，教师作为组织者和指导者，需要将完成任务的过程分为若干个循序渐进的步骤并针对每个步骤向学习者提供既简短又清晰的建议。此外，教师还要在这个模块中为学习者的学习过程提供一定的指导，帮助学习者了解自己所扮演的角色。

实际上，"过程"模块为学生提供了一个"脚手架"，是 Webquest 的核心部分。教师在监督学生学习的过程中，可以针对学生的学习现状适时、适量地提供学习指导，促使学生的学习过程能够顺利完成。

4.资源

"资源"模块是一个由教师创建的有助于学习者完成任务的网页清单，其中大部分资源是指与当前主题相关的网页链接，也包括本地的电子图书、电子文档、电子刊物等。Webquest 不排斥使用离线资源，可以提供录像带、光碟、书籍、报纸、杂志，以及与他人面对面的访谈和实地考察等。学生使用的所有链接都由设计者预先设定，所以，也可以这样说，相对于信息的搜索，Webquest 更侧重信息的使用。由于这些资源是预先选定的，所以学习者在网络空间将不再因迷失方向而完全漫无边际的"漂流"。

总之，资源模块会提供最新的、高质量的、多种样式的信息资源，为不同学习水平和学习风格的学习者提供信息，以此引起学习者的注意，提升学习者的兴趣。

5.评估

"评估"是 Webquest 新增的模块。根据学习者学习任务的不同，评价测评表的形式表现为书面作业、多媒体创建、网页和其他类型。显然，如果要证明用网络学习的效果是良好的，就需要测评学习的结果。

6.结论

Webquest 的结论模块为总结学习内容和经验，鼓励学习者对整个学习过程进行反思，发现自己的优点和不足以及给推广学习成果提供一个机会。

二、Webquest 教学模式的理论基础

（一）建构主义理论

1.基于建构主义的教学观

建构主义的教学观强调，知识的获得不是依靠教师的传授就能完成的，还需要学习者通过一定的情境，在教学资料以及他人的帮助下，以意义建构的方式来转化成自己的知识。教学的过程是教师通过创设一定的情境来帮助学习者进行知识建构的过程，而学习者也不是简单地接受知识，他们根据自己的经验背景，主动地对新知识进行加工、处理，从而建构自己的知识结构。

以建构主义为基础的教学过程，必须具备四个基本要素：教学情境、协作共享、对话交流、意义建构。除了教学情境的创设需要教师独立完成外，其他三个要素都是学习者参与度较高的，也就是说，教师在教学的过程中，把握得最好的环节就是教学情境的创设，而这个环节对教学效果有着非常重要的作用。

在 Webquest 教学模式中，教师需要根据教学内容为学生创设包含真实问题的情境，以此激发学生主动探究的热情，而问题的解决过程也就是学习者对知识的建构过程。

2.基于建构主义的师生观

在传统的师生观中，一直把教师定位为知识的传授者，而学生是知识的接收者。但是，以建构主义的理念来看，学生更应该占主体地位，他们是信息加工的主体，是意义的主动建构者，而教师是意义建构的帮助者。也就是说，建构主义提倡以学生为中心的学习。教学并不仅仅是知识的传递，还包括知识的转化与吸收；教师并不仅仅是知识的传递者，还是帮助学生学习的引导者。因此，在教学过程中，教师应该就一些关键性问题与学生多交流，了解学生对知识的掌握程度，帮助学生完成学习内容。

在 Webquest 教学模式中，整个任务的分析、研究、探讨、完成都是由师生共同进行的。在教学过程中，教师应该是教学的组织者，而学生是学习的体验者、知识的建构者。教师在教学中需要着重培养学生的自主、合作能力，让学生学会学习。

3.基于建构主义的学习观

建构主义的学习观认为，世界是客观存在的，但是对世界的理解却是根据每个人的社会经验不同而不同。由于我们每个人的经验以及对经验的信念不同，在头脑中所产生的经验世界也有所不同，因此对外部世界的理解也就截然不同了。也就是说，学生对知识的学习过程是意义建构的过程，并不是被动接收信息的过程，这种建构是无法由他人代替的。学生对新知识的理解与原有知识息息相关，新知识的获得是学生在自己对原有经验的理解基础上，产生的对新知识的理解。所以，建构主义更加关注如何以原有知识、经验为基础来构建新知识。

根据建构主义的学习观，教师应在教学中给学生布置一些任务，让学生在任务完成的过程中，达到新旧知识的有机融合。在 Webquest 教学模式中，任务的运用得到了充分体现，教师通过布置与学生生活息息相关的任务，让学生在任务完成的过程中提高分析、处理信息的能力。

（二）基于问题的学习理论

基于问题的学习由美国神经病学教授巴罗斯（H. Barrows）首创，最早在医学教育领域广泛运用，后来被教育领域所推行。基于问题的学习方式是由教师提供获得学习资源的方式和学习方法的指导，而后由学习者以小组的形式解决一些现实生活中的问题。这种学习方式对提高学生发现问题、解决问题的能力有很大帮助。

基于问题的学习主要包含五个基本要素：问题或项目、解决问题所需的技能和知识、学习小组、问题解决的程序和学生自主学习的精神。其中，问题或项目是关键性环节，如果问题没有设计好，学生的学习效果就会受到很大影响。而解决问题所需的技能以及学生自主学习的精神，这些都需要教师根据实际情况在学生的学习过程中进行培养。学习小组的设置以 4 至 6 人为宜，成员太多会影响参与度。问题解决的程序由小组学生自己商讨决定。

基于问题的学习方式与传统的教学有所不同，它的特点在于：教师并不需要以演讲者的方式站在讲台上为学生讲解学习内容，而是让学生以小组的形式，在教师的指导下，通过图书馆、计算机、网络等方式获取自己需要的信息来解决问题。因此，这种学习方式更加个性化，更能激发学生的学习兴趣。在学习过程中，学生多方面的能力都能得到锻炼，如解决问题的能力、团队合作的能力及利用时间的能力等。

基于问题的学习主要是通过学生查阅资料来解决问题的。因此，对计算机课程来说，网络环境下基于问题的学习所具有的优势在于：网络资源能够突破地域的局限性，使得资源获取的途径多样化，获取的资源内容更加丰富，便于学生选择；网上交流平台有利于学生获得更多帮助，能够解决一些教师没有办法及时解决的问题；学生可以选择网络学习伙伴，对小组创造性思维的提高很有帮助。

在 Webquest 教学模式中，教师应用网络环境开展教学，在教学中以基于问题的学习方式激发学生的学习热情，培养学生自主学习、协作学习等多方面的能力，为学生终身学习能力的提高打下基础。

第四节　网络化教学模式

一、网络化教学模式的优势

（一）网络化教学模式的灵活性

一是地域上的灵活性。与传统的课堂教学和多媒体教学模式相比，网络化教学在地域上有着很强的灵活性。传统教学模式一般是教师、学生在固定的时间和固定的地点，集聚到一起之后才进行授课。如果教师和学生没有住在同一地区或受到地域上的限制，就不能进行授课。网络化教学模式则克服了这个缺点，由于采用网络授课，学生和教师通过网络交流，就不必局限在某一物理地域中，只要学生与教师的电脑接入同一网络，不管师生位置相距多远都可以进行授课。

二是时间上的灵活性。传统的授课过程中存在学生迟到和缺课的问题，往往会由于某一两个学生的迟到而耽误其他学生的时间，影响正常的上课进程。与之相比，网络化教学在时间上极为灵活。课堂授课不必等学生到齐之后才进行，因为是网络授课，授课内容可以视频或音频存储，教学课件也可以共享，这样对迟到或者缺课的学生，可以通过这些资料补课，而且学习的内容和方式与实时听课的学生是一样的。这样即使有学生迟到，也不会影响教师授课，更不会影响其他学生，而迟到的学生也不会错过授课内容。对教师而言，不必在固定的时间和地点上课，只要事先录制好视频，准备好资料，即使在规定的上课时间自己没有空，也可以托付给其他人播放视频内容。

（二）网络化教学模式的互动性

多媒体教学模式与传统教学模式相比虽然有着巨大的优势，但在互动性方面却不及传统教学模式。在多媒体教学模式中，教师往往是主体，所有学生都听从于教师和教师控制的多媒体设备，是一种单方讲、多方听的授课模式。虽然学生也可以与教师交流，但只是口头上的应答，多媒体的控制权只局限于教师一人，在硬件共用和师生互动上较差。而在传统的授课过程中，教师和学生都可以使用黑板这一"公用"硬件来展示自己。

网络化教学模式不仅吸收了传统教学模式的优点，教师和学生的地位完全平等，大家使用相同的硬件设备进行交流，而且通过网络互联，学生与教师之间、学生与学生之间可以互相展示自己的作品。在整个教学过程中，师生之间可以随时互动和交流，通过相应的通讯学习软件中的文字、声音，甚至是视频进行提问，阐述观点。

（三）网络化教学模式的趣味性

传统教学模式的知识展示台只是局限于一块黑板和一支粉笔，授课的趣味性全凭教师的演讲水平来带动。多媒体教学的出现使得课堂的趣味性得到显著提升。由于将声音、图像、动画等元素融入教学内容中，多媒体教学让抽象的知识以形象的方式传授给学生，让学生更愿意接受，在享受乐趣的同时学到知识。

网络化教学模式在教学趣味性上比多媒体教学模式更为优异。由于有了网络互联，多媒体的展示和演讲并不局限于教师本人，学生也可自己创造以及在同学之间进行作品展示，充分提高了学生学习的趣味性和积极性。

（四）网络化教学模式的丰富性

传统教学模式在很长一段时间是以口头教学为主。当造纸术和印刷术发明之后，以书籍为载体的教学方式一直沿用至今，这也是被大家所认可和接受的。但书籍有其自身的局限性，其中，最重要的一点莫过于书籍上的内容较为单一，要么是以大篇文字为主的理论知识、概念和公式，要么是静态的图形指示。虽然图文并茂的书也不少，但并不能做到文字与图片的和谐搭配，而且内容仅限于文字和图表的书籍越来越不能满足教学要求，不能激发学生的兴趣。多媒体教学的出现大大丰富了教学内容，在传统以文字、图表为主的教学内容上，影音、动画等元素的加入丰富了知识的表达方式，可以调动学生的视觉、听觉，形成多方位、立体化的教学模式。网络化教学是在多媒体教学的基础上发展形成的，在继承其教学方式丰富性的基础上，对其进行了延伸和扩展。这一点在网络化教学模式的实时性上体现得尤为明显。

二、网络化教学模式存在的问题

（一）软硬件制约网络化教学推广

高校计算机网络化教学模式的推广必须有一定的软硬件支持，最重要的元素包括计算机以及相应的教学辅助软件。计算机作为网络化教学的硬件载体和工具，是必不可少的重要组成部分，如今个人计算机的价格越来越低，2000 余元的个人计算机就能满足绝大多数网络教学的要求。在网络化教学辅助软件方面，目前常用的有"红蜘蛛""苏亚星""胜天"等。然而，这些软件只是在某一方面见长，并不能满足绝大多数的网络教学要求。

（二）网络化教学监管难度大

网络化教学模式下，师生之间、学生之间并不一定非要集聚在一起，不能保证学生是否在听课，也不能保证是否为学生本人在听课。正是因为网络化教学的灵活性，也导致其教学过程中监管难度的增大。由于网络的开放性和复杂性，在教学过程中，学生点名、作业提交、考试测验等方面很难进行验证和管理，至少到目前为止，还未找到一种很好的监管模式。而对电脑、网络比较精通的学生，如果弄虚作假或者实施搞怪行为，影响正常网络教学也是很有可能发生的。

（三）网络教学过程中的安全问题

病毒、黑客一直是令上网者头疼的问题。一旦网络化教学接入的网络受到病毒的感染或黑客的恶意攻击，必将给网络化教学带来严重影响，轻则导致某一入网机器无法正常使用，严重的甚至会导致整个网络的瘫痪或者用户资料的泄漏，给整个网络化教学带来无法挽回的严重后果。

（四）网络化教学缺少政策支持

新生事物总有一个产生、发展、壮大的过程。对于刚刚兴起的网络化教学模式，很多教育机构还是持一种观望态度。而相关教育部门也是采取谨慎的态度，只是鼓励模式创新，并未对其在政策上给予较大力度的支持，这也使网络化教学模式的发展缺少底气。

高校计算机网络化教学模式虽然有许多亟待解决的问题制约其发展，但这些问题也不是不能克服的，可以请软件公司设计开发一套适合网络化教学的功能强大、安全可靠的教学系统，相关人员可以在小范围内模拟网络教学，探究网络教学模式的特点，逐步形成一套可靠的理论。

第五节　互动式教学模式

一、互动式教学模式的应用价值

（一）丰富高校计算机课程的教学内容，调动学生的学习热情

互动式教学模式能够有效避免传统教学模式中"灌输式"教学方法带来的枯燥感，真正将学生引入高校计算机教学活动之中，既丰富了高校计算机教学的内容，又调动了学生学习计算机的热情。高校计算机课程的内容较难，给教师和学生提出了更高的要求。教师要结合学生实际的计算机水平和认知特点，灵活设计与开展教学活动，真正摆脱传统教学模式中"鸦雀无声"的课堂氛围，为学生带来良好的计算机学习体验。

（二）提升学生的计算机技能水平，培养学生的创新思维

在高校计算机课程的传统教学中，学生仅仅通过教师的讲解掌握知识，在这种"接受式"的教学模式中，学生没有自己的想法，往往采取"死记硬背"的方式学习计算机知识。长此以往，这些问题会直接影响学生的学习效果。互动式教学模式能够有效解决这些问题，将学生从"牢笼"中解救出来，使他们成为高校计算机教学的主体，能够自由畅谈自己的想法和观点，有助于培养学生的创新思维和自主思考能力，为深入开展高

校计算机教学奠定良好的基础。

（三）增进师生感情，营造融洽的教学氛围

在传统教学模式中，教师树立了"高高在上"的形象，师生之间缺乏有效的沟通和交流。互动式教学模式能够增进师生之间的情感交流，加深学生对计算机知识的理解，进而形成一些个体的见解和看法，这些会对学生的成长和发展产生积极的影响。

二、互动式教学模式的应用策略

（一）借助信息技术，加深学生的理解

在高校计算机教学活动中，教师可以借助多媒体等信息技术手段丰富教学内容，将学生的注意力快速吸引到教学活动中，加深学生对计算机知识的理解，为高校计算机教学活动的深入开展奠定良好的基础。

例如，在指导学生学习"制作简单的幻灯片"这一部分内容时，首先，教师可以借助多媒体等信息技术手段为学生播放一些简单的幻灯片作品，生动有趣的幻灯片作品能够将学生的注意力快速集中到教学内容上，学生在观看幻灯片作品的同时也会对本节教学内容产生浓厚的学习兴趣；其次，教师可以结合具体的幻灯片作品为学生讲解幻灯片制作技巧和相关知识，从而加深学生对幻灯片制作技巧的理解，能够为学生幻灯片制作水平的提高带来积极的影响。

（二）设计问题情境，激发学生的思维

一些教师认为，如果学生没有问题则证明课堂教学是有效的。实则不然，学生有问题才能证明他们通过认真听讲产生了一些想法，证明他们真正融入教学活动中。

在高校计算机教学活动中，教师要根据学生的计算机基础水平和认知特点来设计问题情境，通过问题激发学生的学习兴趣，通过问题引发学生的思考意识，通过问题加深学生的知识理解，从而达到高校计算机教学的目的。

例如，在指导学生掌握"图文混排"这一项计算机技能的教学中，首先，教师可以设置问题"同学们，你们有收集明星海报的习惯吗？"以此来调动课堂教学的气氛，接下来，教师设置"你们知道明星海报是怎样制作的吗？"等问题引发学生思考，然后通过"今天老师就教大家制作图文混排的明星海报，为自己喜欢的明星或者人物制作属于自己的海报"等话语激发学生的学习兴趣，引导学生积极主动地投身教学活动中。其次，教师可以结合教学进度，设置"混排中需要注意的是什么？"等问题检验学生对各项计算机技能的掌握程度。最后，在完成教学内容之后，教师可以设置"现在你们想为自己喜欢的明星制作有特色的海报吗？"等问题引发学生主动实践的热情，在师生互动中提升教学质量。

（三）开展实践活动，检验学生的计算机技能水平

实践是检验学生计算机技能水平和灵活应用能力的重要方式，教师可以指导学生在完成相关计算机技能的学习之后，开展实践活动。教师可以采取小组合作的方式，将学生分为若干个小组，由学生通过小组合作完成教师布置的任务，使学生在实践中体会到共同努力、共同完成任务的喜悦。

例如，在指导学生学习"制作简单的幻灯片"之后，教师可以给学生布置"制作幻灯片"的任务，由学生自拟主题，通过小组合作共同完成一个作品。这种方式不仅能够有效检验学生的计算机综合能力，使教师明确下一步的教学方向，还能够调动课堂教学的气氛，营造互动式的教学氛围，增进学生之间的交流和合作，实现共同进步。

第六节　探究式教学模式

一、探究式教学模式的教学过程

探究式教学模式是以教师为主导、以学生为主体的教学模式。在整个教学过程中，教师负责设计问题和创设情境，扮演着指导者和帮助者的角色。学生在自主探究、寻找答案和解决问题的过程中实现知识的建构。探究式教学模式的教学过程如下：

首先，教师对教学内容和学习者特征进行分析，确定教学任务和教学目标。教师分析学生学过什么知识，学生对教学内容的掌握程度，提出教学要求，要达到什么目的。

其次，教师创设与当前学习主题相关的、尽可能真实的学习情境，提出任务，引导学生带着真实的任务进入学习情境，激发学生的学习兴趣，使学生产生完成这一学习任务的动机。

再次，学生探究学习、自主学习时，通过看书、浏览教师的课件、分析教师的制作范例等多种途径寻求解决问题的办法。小组讨论，共同寻求解决问题的方法，同时通过交流达到共同提高的目的，培养学生的合作精神。

最后，学生通过各种渠道获取知识，在获取知识的过程中形成对知识的建构。教师引导学生对所学知识进行归纳总结，建立新旧知识间的联系，以便强化学生对知识的记忆和理解，完成真正意义上的知识建构。

二、探究式教学模式运用于计算机基础课程教学的反思

（一）在探究式教学中应强调信息素养的培养，尤其是信息道德的培养

信息道德是保证信息素养发展方向的指示器和调节器，是信息素养评价的重要指标。信息道德观的培养对大学生正确人生观的形成有着非常积极的意义。如今，计算机网络发展迅速，利用网络进行病毒传播、运用黑客技术盗取他人资料和钱财、在网络上

发布虚假信息、对他人进行人身攻击等不道德行为和计算机犯罪行为比比皆是。作为高校学生，将来可能承担教书育人的重要任务，因此，帮助学生树立正确的信息道德观十分重要。

在运用探究式教学模式的过程中，教师应该让学生了解信息与信息技术使用的相关法律，使学生在利用信息资源时能够遵守法律法规，知道发布信息资源可能引起的一些社会问题，懂得尊重他人的知识产权、版权，合法使用带有版权的资料，做到合法获取、储存、传播文本、数据等信息。作为计算机教师，有责任也有义务帮助大学生提升信息道德素养。所以，在大学计算机基础课程教学中，需要教师正确引导，从而全面提高学生的信息素质。

（二）在基于网络的探究式教学模式中应正确引导学生学习

在基于网络的探究式教学模式中应避免学生无目的地在网上漫游，在学生协作学习，特别是网上讨论的时候，应该主题明确，不要在讨论的过程中转变话题，这样既浪费时间也达不到网上探究的目的。所以，教师在教学之前应该有充分、合理的教学设计，教学设计应该目标明确，同时教师应该提供资料来源或明确的网址。此外，教师应该做到因材施教，对基础不好、学习能力较差的学生，应该提出不同的探究要求和学习目标，做到既照顾大部分学生的同时又能够关照个别差异。教师在引导学生合作学习时，应该避免能力较强的学生过分表现，照顾发言少的学生，尽量做到让大家相互学习，达到协作学习的目的。

（三）在探究式教学中应该正确认识学生自主和教师主导的关系

探究式教学以学生探究为主，与传统教学模式不同，它更能使学生在学习的过程中愉快地掌握所学知识。探究式教学模式强调以学生为中心，但也不能忽视教师的主导地位。教师正确、有效的指导才能使学生在探究的过程中有所收获，形成对知识的构建，同时也使学生的探究能力得到提升。具体来说，教师可从以下几个方面着手：

首先，教师要创设有利于学生探究的情境，启发学生积极开动脑筋去探索。同时，教师还要实时观察学生、引导学生，既不能过多介入学生的探究过程，也不能任其自主探究，不予指导，应该做到恰到好处。

其次，教师应尊重学生，及时肯定学生的学习成果，这样才能使学生取得最佳的学习效果。

最后，教师应及时调整自己的知识结构。只有教师不断学习，不断充实自己，才能在引导学生探究的过程中随时解决学生提出的问题。

（四）在教学过程中强调师范生应掌握的信息技能

高等师范类院校的学生毕业后将进入中小学任教，担负着教书育人的重任，其信息素养水平直接影响其教学能力和终身学习能力。所以，在大学计算机基础课程教学中应该强调学生需要掌握的技能。随着基础教育改革在全国中小学的广泛开展，运用现代教育技术、掌握最新的教学理念、用信息技术整合课程教学成为对中小学教师新的要求。

第七章　计算机基础教育教学方法

本章着重介绍高校计算机基础教育中的项目教学法、任务驱动教学法、有效教学法和分层递进教学法四种教学方法。

第一节　项目教学法

一、项目教学法的内涵

临时性、一次性的活动叫作"项目"。美国项目管理专家约翰·宾（J. Ben）指出："项目是在一定时间里，在预算规定范围内需达到预定质量水平的一项一次性任务。"美国项目管理协会对项目的定义：项目是为完成某一独特产品或服务所做的一次性努力。项目教学法中的"项目"是项目管理中的"项目"在教育中的延伸和发展，可以将其定义为借助多种教育资源或企业资源，通过制定作品或产品来完成比较复杂的教学任务的独一无二的一次性努力。

项目教学法是行动导向教学法的一种，以行动导向为特征，强调做中学，学生学到的主要是经验、策略等过程性知识，解决"怎么做""怎么做更好"的问题。

1918 年，美国教育家克伯屈（W. H. Kilpatrick）撰写了《项目教学法在教育过程中有目的的活动的应用》一文，第一次提出项目教学法的概念。克伯屈把项目教学法分成四个阶段：构思、计划、实施和评判。

也有学者将项目教学法定义为一种开放的学习策略。项目教学法到底是什么，关键看其具体应用在哪个领域以及如何实施。项目教学法传承建构主义、人本主义、实用主义教育思想，是一种突破传统填鸭式教学方法的新教育理念，适合高等教育、中小学教育甚至幼儿园教育等不同层次的教育。项目教学法既可以界定为一种教育理念、一种教学模式、一种教学方法、一种教学策略，又可以界定为一种学习理念、一种学习模式、一种学习方法、一种学习策略。

二、项目教学法的起源与发展

项目教学法起源于 16 世纪后期开始的建筑和工程教育运动。其历经多次发展，成为当今流行世界的实用型教学方法。项目教学法的发展大致经过了五个阶段。

第一阶段：1590—1765 年，欧洲建筑学校开始出现项目工作，意大利建筑教师安排学生进行教堂、纪念碑、宫殿等设计"竞赛"，学院最初的"竞赛"始于 1596 年，直到 1702 年才固定在学校的学年教学日程中；1671 年，巴黎成立皇家建筑学院，举行一年一度的"罗马价格"比赛；1763 年，"仿效的价格"比赛出现，项目教学观念正式成为学院派的教学方法。

第二阶段：1765—1880 年，项目教学法成为一种常规教学方法，由欧洲移植到美国，由建筑学移植到工程学，掀起第一次发展浪潮。

第三阶段：1881—1915 年，在手工培训、工艺美术和普通的公立学校开展项目教学。在手工训练学校，学生必须完成"毕业项目"并得到教师的认可才能毕业。

第四阶段：1916—1965 年，美国重新定义项目教学法，由美国再移植回发源地欧洲，掀起第二次浪潮。

第五阶段：1966 年以后，重新挖掘项目教学法的内涵，在国际上掀起第三次传播的浪潮。20 世纪 70 年代，项目教学法进入快速发展时期，美国著名教育家凯兹（L. Katz）与查德（S. Chard）将项目教学法引入儿童教育领域并取得了一定成果，两人合作撰写了《开启孩子的心灵世界：项目教学法》专著，阐述了项目教学法的思想、原则和具体实施环节，查德还撰写了两本关于项目教学法的教师手册和其他相关著作。美国教育专家伯曼（S. Berman）以多元智能理论为基础开发了许多项目课程。他们是项目教学法发展过程中具有里程碑意义的人物。

三、项目教学法的特点及遵循的原则

（一）项目教学法的特点

项目教学法有以下特点：①教学效果好，教学周期短，伴随着项目的完成，教学活动也完成了；②有明确的成果，便于师生根据项目的完成情况共同评价工作成果；③教师与学生协作，教师辅导，学生实践，提升了学生的学习效率；④理论与实践相结合，使学生所学的理论知识具有实际的应用价值；⑤可锻炼学生的实际操作能力，在增强学生学习兴趣的同时提高学生的创造力。

（二）项目教学法遵循的原则

项目教学法遵循以下原则：①以学生为中心，教师作为辅助；②以项目为中心，课本作为辅助；③以理论与实践结合为中心，课堂讲解作为辅助；④以知识与能力训练为中心，科学知识作为辅助；⑤以项目的任务为中心，其他环节作为辅助。

四、项目教学法的教学设计

（一）"项目教学法"教学设计原则。

1.以学生为中心的原则

项目教学法的主体和中心是学生，教师起主导作用，要考虑学生现有的知识水平和实际技能，要让学生动手做，激发学生的学习兴趣。

2.以实践为中心的原则

项目教学法就是把实践引入高校计算机课程教学中，使学生通过实践掌握技能，要充分考虑学习过程的实践性、项目内容的实践性。

3.开放性原则

项目的开发过程是多元的、循环的、开放的。项目的开发是教师、学生、企业人员多方共同参与的过程，项目完成后还要反思和重新修订，项目内容、问题解决过程和方法允许多样化，给学生创造性的发挥留有余地。

4.适度性原则

项目教学法在高校计算机基础教育教学上也不是万能的教学方法，也不是适用于每个知识点，也不是适用于每一节课，在运用时要扬长避短，避开各种限制性条件，追求项目教学法实施效果的最大化。项目任务的选择和开发还要考虑其实施所需的各种资源条件，如时间、场所、教师、学生、实践资源、费用等。

（二）"项目教学法"学习环境的建设、技术与资源支持

1."项目教学法"学习环境的建设

随着建构主义学习理论的兴起，教学设计的重心逐渐转向"学习环境设计"，越来越注重学习环境的真实性与互动性。项目教学法的学习环境与传统的学习环境相比有着本质的不同。项目教学法的学习环境是由学习者、项目和资源工具构成的共同体。项目教学法的学习环境建设策略可概括为针对项目任务的真实性策略、针对资源工具的支持性策略和针对学习者的交互性策略。

（1）针对项目任务的真实性策略

真实性策略包括设计真实的项目任务、建设实训中心和创建实践共同体。

设计真实的项目任务是指把真实工作中的真实工作任务设计成项目，按照计算机专业岗位群对各层次岗位的要求，制定贯穿各课程的实训项目，根据学生将来职业真实工作任务应用到的内容开展项目教学法。教师要深入企业调研和学习，到专业对应岗位寻找项目，项目要来源于企业真实的计算机工程项目，这样可以保证学生亲身体验到未来职业岗位中的真实工作任务。要对项目进行科学整合，保证每个项目的典型性、系统性和完整性，实现众多项目形成的项目群，覆盖整个计算机专业的培养目标。

高校通过建设具有仿真功能的实训中心来实现具有真实任务的项目。实训中心要按

照工作实践和工作要求来设计。根据学校的实际情况，加强计算机实训中心的建设。例如，承德开放大学建有四个多媒体计算机实验室，用于多门计算机课程的教学与实训，后来又组建了网络工程实验室、综合布线实验室、信息安全实验室。2009 年以来，学校先后与多个本地小型软件公司合作，共建软件开发实训室、软件测试实训室，由公司提供教学案例、实训项目、实训平台，公司技术人员担任兼职教师进行指导。

实践共同体是将对某一特定知识领域感兴趣的人组织起来，围绕这一知识领域共同学习和工作，共同分享知识。高校计算机项目教学法项目组成员构成一个小"圈子"，鼓励项目组成员讨论、交流，项目组要保持相对稳定，稳定一段时间后，根据异质性原则重新分组，保证小"圈子"里既有师傅也有徒弟。

（2）针对资源工具的支持性策略

支持性策略是指给学生提供丰富的学习资源，帮助学生选择合适的技术工具。学习资源是指一切能够帮助教与学的有形资源和无形资源的总和，主要指支撑教学过程的各类软件资源。项目教师要为学生提供与项目有关的各种学习资源，包括讲授性的课程资料、相关文献资料库、数据库、案例库、离线学习资源、学生作品集等，可以是本地资源，也可以是相应内容的外部链接，教师要教会学生从网上获取这些资源。技术工具包括信息技术、网络技术、多媒体技术和现代教育技术等。

（3）针对学习者的交互性策略

交互性策略就是指创建互动的学习共同体。由学生和助学者（教师、管理人员、技术人员、专家）共同构成互动的学习共同体，一起沟通交流、分享学习资源，共同完成项目任务。在学习共同体中，学生可以与同伴互动，实现协作性的知识建构；可以与助学者沟通互动，获得一定的支持和帮助。创建互动互助的学习共同体要从多方面着手。学习中心应有一个相对大点的空间使全班同学能聚在一起，便于教师讲解、演示、布置项目，还应有一些相对小些的空间便于小组学习和活动，倡导多样化的座位排列——马蹄形的座位安排使学生讨论时能看见其他人，圆形座位排列适合讨论和交互学习。本着以学生为中心、集体任务集体负责的原则创建良好的共同体文化气氛，让学生认识到自己是在一个团体中学习。

2."项目教学法"的技术与资源支持

项目教学中纳入现代教育媒体必能使其如虎添翼，使教学效果大增，培养学生网络时代应具备的综合能力。现代教育媒体包括硬件和软件两部分。硬件指装备或设备的机件本身，如计算机、校园网、多媒体教室等；软件指教学内容、教学软件、多媒体课件包等。项目教学法主张开展基于专题学习网站的项目学习，提供与项目主题有关的大型资源库，借助多媒体计算机和网络技术完成项目教学活动。

（三）项目小组的管理

项目教学法开展的主要形式就是小组合作学习与实践，小组的划分与有效管理是项目教学法成败的关键。教师在充分了解学生的基础上，摸清学生目前的知识结构，高中或中专学习阶段计算机课程掌握的程度、个体差异、兴趣爱好和能力，合理搭配小组成员，确保小组成员之间优势互补。适当控制小组的结构规模，保持一种动态平衡，可以是2~3人的微型组，也可以是4~6人的马蹄形组，小组规模控制在2~6人为宜，最常用的是4人组。

1.科学分组

按计算机工程项目开发的生命周期来分组，将学生按系统分析、设计、实现、测试的角色分成4~6人的开发团队。根据经验分组的优点是允许学生自由结组，同学关系融洽有利于小组合作。弊端就是学习好的学生自然结成一组，学习不好的学生自然结成一组，成绩差的组由于能力差和积极性差，很难保质保量地完成项目任务。这时，教师要适当调整学生的分组情况，让学生自由组合成2人小组，教师再根据学生的能力、学习成绩和性格组合成4~6人的项目小组。

2.科学管理项目小组

小组成员确定后，要选出项目组长，也叫项目经理，他（她）既是小组活动的召集人和管理人，也是小组意见的整理人和反馈人。小组成员要有合理的分工，避免出现小组中个别成员承担大部分甚至全部工作，而某些成员一点工作也不做的现象。教师要通过观察和询问及时了解各个小组的工作情况，指导小组成员如何沟通与交流、如何克服困难、如何解决问题。实行每周例会制度，保证小组有时间交流。实行阶段评审制度，及时汇报计算机项目的需求分析、软件设计、模块开发、集成测试等关键阶段的任务。

五、项目教学法的应用过程

（一）完善储备知识，打好理论基础

在项目开展之前，教师和学生都应该完善自身的知识储备，保证储备充足的理论知识，为实践操作打下坚实的基础。因此，为了确保项目的顺利完成，达到学习目的，在项目开始前需要做到以下几点：第一，教师详细讲解计算机理论的重点、难点，便于学生理解和消化项目中的知识；第二，培养学生的创新思维与创新意识，锻炼学生思考问题、解决问题的能力；第三，教师侧重讲解操作技巧以减少学生在项目实际操作过程中的失误。

（二）划分项目小组，平衡综合实力

划分项目小组对整体项目的完成起到重要作用。因为不同学生的理论知识水平以及实际操作能力参差不齐，所以在项目研究过程中，教师应根据学生间的差异来平衡项目小组的综合实力，根据每个人的特长分配适合的任务，以此提高学生的积极性、增强学生的自信心。通过各个项目小组的协作，再加上教师的指导，最终完成项目的研究目标。

（三）创造项目环境，设计项目环节

在高校计算机教学过程中运用项目教学法的关键在于项目的设计。由于项目是学生研究和学习的主要对象，所以在高校计算机教学中运用项目教学法的重点应该放在创造项目环境、设计项目环节上，将计算机课程的难点与重点结合设计为项目的一部分，可以更好地让学生理解计算机知识、掌握计算机技能。与此同时，还要控制项目的难度，项目过于简单或者过于复杂都不利于学生学习，项目太过简单不利于学生深度掌握知识，项目太过复杂不利于提升学生学习的积极性，同时也会影响学生的自信心。因此，良好的项目环境、难度适中的项目设计将是项目教学法应用于高校计算机教学的重点。

（四）制定实施方案，演示操作流程

在项目的研究过程中具体的实施方案是对项目的整体规划，关系着整个项目的成败，因此，教师应辅导学生制定具体的实施方案。首先，在理论方面，教师对计算机的理论知识体系进行分析，筛选出重点以及难点知识作为研究的基础；其次，教师应该为学生讲解具体的项目研究程序，简单地演示操作过程；最后，教师应该引导学生确定项目名称、操作流程、角色分工以及展示方法等，确保学生在项目的实现过程中减少失误，完成最终目标。

（五）确定成员角色，小组分工协作

在高校计算机教学中应用项目教学法，采取划分项目小组、分工协作的方式在提高学生的学习积极性、促进互相之间交流配合的同时也可以提升学生的创新思维、锻炼学生的沟通能力以及解决问题的能力。此外，也有利于小组人员之间互帮互助、取长补短，为完成项目目标共同努力。小组研究的过程中应注意两点：首先，确定小组的研究目标，使项目小组所有人员朝着共同的方向努力，在完成目标的过程中互相配合、互相学习；其次，根据每个学生不同的知识水平以及学习能力进行定位，促进个性发展的同时减少内部矛盾的可能性，如管理能力强的学生作为总体负责人，而表达能力强的学生负责成果展示等。

（六）项目成果展示，问题分析评价

项目教学法的最后一个环节是项目成果的展示、项目实施过程中所遇到问题的分析讲解以及教师的评价。在展示的过程中，学生要负责说明整体项目研究的目的、遇到的问题、解决问题的过程。在评价的过程中，教师要负责对学生在研究过程中的解决问题能力、寻求解决办法的良好思路以及小组协作能力给予鼓励，肯定学生的成绩，同时，指出学生在研究过程中出现的失误以及实际操作的不足并给出相应的解决办法，以期促进学生更长足的进步，也供其他学生学习与借鉴。

六、使用项目教学法应注意的问题

（一）合理安排课时

在高校计算机教学中应用项目教学法的前提是要求针对具体的计算机研究项目搜集理论知识、设计实施方案、创造项目研究环境等，这就需要教师与学生投入大量的时间与精力。因此，高校应该注重课时的合理安排，保证完成教学任务的同时尽可能地为学生提供实践的机会。

（二）改进教学评价

与传统的教学方法不同，项目教学法注重的是提升学生的实际操作能力。因此，在项目教学法中应该重视综合能力的评价，不单单只看计算机理论知识的考试成绩。良好的教学评价体系是高校培养高质量人才的保证。

七、高校计算机教学中项目教学法的应用策略

（一）加强基础内容教学

项目教学法的实施是一个循序渐进的过程，而基础内容则是这一过程的必要前提和基本保障，只有学生先具备完善的专业知识才能使教学项目得以不断推进。因此，在高校计算机教学中教师就要着重加强基础内容教学，帮助学生做好项目学习的各项准备。具体来说，主要包括以下几个方面：一是对于计算机编程、数据库与网络、硬件等重难点知识，教师要为向学生详细讲解并组织相应的考核任务，确保每一位学生都能够理解和消化；二是教师在组织项目教学前要向学生介绍项目的研究环境、操作技巧、流程规划等，使学生做到心中有数，避免在项目过程中出现失误和慌乱情况；三是教师要指导学生逐步改变以往的应试学习方法，缩短学生对项目教学的适应期，从而达到事半功倍的项目效果。

（二）精心设计项目主题

高校计算机课程教学内容比较复杂，既有办公软件使用等简单知识，也有代码编写、网络维护等深奥知识。因此，教师在应用项目教学法时要精心设计项目主题，遵循趣味性与挑战性相结合、理论性与实用性相结合的原则，使学生既可以在项目学习中学到相应知识和技能，也可以逐步培养自身的计算机兴趣，提高学生的学习成就感。例如，根据当前移动互联网的计算机发展趋势，教师可以为学生制定"制作手机游戏"的项目主题，为学生布置编写项目计划书、设计游戏界面、编写游戏代码以及上架应用商店的具体环节，通过将完整的软件开发流程融入教学项目中就可以为学生的持续性学习指明前进方向，使学生能够由浅入深逐步完善自身的计算机知识架构。

（三）合理划分项目小组

项目小组是项目教学法实施的基本形式，也是影响项目教学法落实情况的重要因素。因此，在高校计算机教学中，教师要合理划分项目小组，注意每个学生之间知识水平与实践能力的差异，为学生营造互帮互助的积极学习环境，并且要使每个小组之间的实力保持在同一水平，从而引导学生互相竞争，挖掘学生的学习潜力。例如，对于"制作手机游戏"这一项目，教师可以规定每组成员为 3～6 人，先由学生按照自身意愿自由分组，再由教师根据具体情况进行调整，使每个小组内都有成绩好和成绩稍弱的学生互相搭配，而后为每个小组指定一位综合能力较强的学生担任组长并由组长对组员进行分工。

（四）尊重学生主体地位

项目教学法是以学生为中心的一种教学方法，其强调在项目实施过程中，学生是唯一的主体，而教师则担任辅助性的角色。因此，在高校计算机教学中，教师要着力尊重并保障学生的学习主体地位，改变以往直接向学生传授知识模式，指导学生在项目学习中逐步掌握学习方法，为学生提供自由发挥的空间和平台，使学生能够发散思维，不断积累有益学习经验。例如，在"制作手机游戏"这一项目代码编写环节，学生很容易遇到困难，不知道该选择何种设计模式，不知道该如何适配不同手机的 UI 界面，这时教师不能直接给出答案，而应该指导学生到专业网站上了解其他软件开发者的意见和经验，并为学生下载相应的微课视频供学生自主学习，促进学生在项目体验中培养自身的探究意识和创新精神。

（五）多维评价项目成果

项目评价是项目教学法实施的最终环节，也是教师总结教学过程与学生总结学习过程的重要阶段。在这一阶段，教师要改变以往"唯分数论"的评价方式，而是从项目实施的具体过程出发，从不同维度对学生的学习情况进行点评，使学生能够清晰、准确地认识到自身的优点与不足。例如，在"制作手机游戏"这一项目完成后，教师可以先让学生自评和小组互评，引导学生从学习者和参与者的角度进行反思，而后，教师再根据项目反馈制定评价表，其中包含学习态度、项目结果、进步幅度、项目问题等内容并依据这些内容给学生打分，对学生作出评价，对于分数较高的学生，教师要表扬和奖励并鼓励其到讲台上分享学习经验；对于分数较低的学生，教师则要适当批评，指导其深刻认识学习的薄弱处，从而实现共同进步、共同提高的良好教学局面。

第二节　任务驱动教学法

一、任务驱动教学法的内涵

任务驱动是建立在现代建构主义教学理论基础上的一种教学方法，符合探究式的教学模式。任务驱动教学强调知识和技能的传授应以完成典型任务为主，强调学生在密切联系学习、生活和社会实际等有意义的任务情境中，通过完成任务学习知识、获得技能、形成能力。这种教学方法主张教师将教学的内容隐含在有代表性的任务中，以完成任务为教学活动的中心。学生通过对任务的分析和讨论，明确涉及哪些知识（新知识、旧知识），在教师的帮助和指导下，通过对学习资源的主动应用，在自主探索和互动协作的学习过程中，找出完成任务的方法，最后通过完成任务实现意义建构。

二、任务驱动教学法的特征

任务驱动教学法的基本特征是任务、教师、学生三者的互动，即以任务为主线、以教师为主导、以学生为主体。

（一）以任务为主线

任务驱动教学法的核心是任务设计，任务贯穿于整个教学过程，课堂教学以任务为主线，师生间围绕任务互动，学生学习以任务完成为标志。根据任务完成的时间限制分为学期任务、单元任务和课时任务。根据任务结果分为作品展示的任务和问题解决的任务。作品展示的任务主要是学生应用软件制作电子作品，强调将计算机技术作为学习的对象；问题解决的任务主要是学生借助软件解决实际问题，强调将计算机技术作为学习的工具。根据学生的个体差异分为基本任务和扩展任务。基本任务是大部分学生需要完成的；扩展任务是照顾水平较高的学生。根据学生的个性特点分为封闭型任务和开放型任务。封闭型任务是按照教师的具体要求完成的任务；开放型任务是教师制定任务主题，鼓励学生发挥特长完成的任务。

（二）以教师为主导

任务驱动教学中教师的主导作用主要体现在以下五个方面：①任务的设计者。教师分析教学目标，制定教学任务。②任务情境的创设者。建构主义学习理论强调创设真实情境。创设情境是任务完成的前提，任务驱动教学中需要教师创设有利于完成任务的情境。③学生完成任务的帮助者。学生完成任务需要教师辅导，教师根据学生的需要及时提供有效的帮助。④任务完成的评价者。教师要对学生完成的任务制定一定的评价标准。

⑤课堂教学的监控者。计算机课堂教学是动态的，随时需要教师监控，教师要引导学生朝着任务完成的方向努力。

（三）以学生为主体

1.激发学生的求知欲

教师精心设计的任务可以引起学生的注意，使学生主动投入学习任务中，在完成任务的过程中获得成功的体验，从而进一步激发其求知欲。

2.培养学生提出问题、分析问题和解决问题的能力

任务驱动教学法是一种伴随问题解决的教学方法，所有教学内容都蕴含在任务中，让学生通过问题解决主动建构概念、原理、方法。

3.培养学生协作交流意识

学生完成任务的过程不仅包括师生交流的过程，还包括学生间交流的过程。研究表明，学生相互交流中产生的认知冲突有其重要性，学生能够获得从其他角度看问题的能力，尤其是学生能够从与他人的交流中，审视自己的思考方向，完善自己的观点与结论。

4.培养学生自主学习能力

任务驱动教学将学习置于接近真实的环境中，使学生不仅学到知识，更重要的是提高学生知识迁移的能力。当学生完成一个环节后，成就感驱使学生提出新问题，再尝试解决，循环往复，最终完成任务。在任务完成的过程中，强烈的好奇心驱使学生主动探索和发现，激发学生的思维，学生可根据已有的认知结构完成相关知识的建构，从而提高自主学习的能力。

在传统的计算机课堂教学中，教学过程缺乏师生互动，容易使学生丧失学习兴趣，操作只是机械式的模仿，学生一旦遇到新问题就会无从下手。任务驱动教学法是一种适用于学习操作类知识和技能的教学方法，适用于培养学生独立解决问题的能力。

三、任务驱动教学法中任务的设计需遵循的原则

（一）目标明确性原则

任务的设计既要考虑学生技能的学习，同时也要考虑学生信息的获取。例如，教师在讲授"Word 图文混排"这节课时，可以给学生设置插入图片的任务，并对图片的大小、色度以及图片与内容的匹配性都有所要求。

（二）真实有趣性原则

任务的设计应和学生的实际生活息息相关，并且具有一定的趣味性，学生才会觉得有意思，才会有探索的兴趣，才能调动学生学习的积极主动性。例如，学习完表格的制作后，教师可以设计一个任务，让学生自己做一个实用的课表。

（三）操作可行性原则

计算机课程是实践性和操作性都很强的课程，教师在设计任务时不仅要考虑学生是否能在规定的时间内完成，而且要考虑以学生的实际水平完成教师设计的任务是否有困难。另外，教师在设计任务时最好设置成分层任务，以适应不同知识水平和学习能力的学生。

（四）系统开放性原则

教师设计任务时，要灵活、开放，使学生在任务的完成过程中开拓思维，充分发挥其创造力和想象力。

第三节　有效教学法

一、有效教学法的内涵

有效教学是 20 世纪教学论的一个重要理论创新，并且对教学实践产生了持久而深刻的影响。特别是许多一线教师开始在自己的课堂教学中追求有效教学。目前，有效教学已经成了一个基础性的教学论概念。当然，有效教学并不是一个静止的概念，它总是向未来开放，被不断地赋予新的内涵。

早在 20 世纪 90 年代就有研究者对有效教学这一概念进行界定。有效教学是指教师遵循教学活动的客观规律，以尽可能少的时间、精力和物力投入，取得尽可能好的教学效果，从而实现特定的教学目标，满足社会和个人的教育价值需求而组织实施的活动。另有研究者则特别强调了教学的效果和效益。有效教学既是人们的长期追求，也是一种全新的教学理念。有效教学是教师通过教学过程的有效性成功引起、维持和促进学生的学习，相对有效地达到预期教学效果的教学，是符合教学规律、有效果、有效益、有效率的教学。有效教学的核心就是教学的效益，即什么样的教学是有效的。

所谓"有效"，主要是指通过教师一段时间的教学之后，学生所获得的具体的进步或发展。也就是说，学生有无进步或发展是教学有没有效益的唯一指标。教学有没有效益并不是指教师有没有教完内容或教得认不认真，而是指学生有没有学到什么或学得好不好。如果学生不想学或者学生学了没有收获，即使教师教得很辛苦也是无效教学。同样，如果学生学得很辛苦，但没有得到应有的发展，也是无效或低效教学。

所谓"教学"，是指教师引起、维持或促进学生学习的所有行为。它的必要条件主要有三个方面：一是引起学生学习的意向，即教师需要激发学生的学习动机，教学是在学生"想学"的心理基础上展开的；二是指明学生所要达到的目标和所学的内容，即教师要让学生知道学到什么程度以及学什么，学生只有知道自己学什么及学到什么程度，才会有意识地主动参与；三是教师采用易于学生理解的方式，即教师的教学语言有自己的独特性——让学生听清楚、听明白，因此，教师需要借助一些技巧，如重复、深入浅出、抑扬顿挫等。如果教师在讲课时不具备这些条件，那么即使教师教得十分辛苦，也不能称之为有效教学。因此，有效教学是为了提高教师的工作效益、强化过程评价和目标管理的一种现代教学理念。

二、有效教学法的特征

有效教学的概念意味着并不是所有的教学都是有意义和有效果的。那么，哪些教学是有效的？哪些教学是无效的？怎样的教学才是有效果、有效益的？通常，有效教学具有以下特征。

（一）以学生为中心

以学生为中心就是要把课堂还给学生，真正关注学生的需求。每位教师都要树立以学生为中心的教学思想，让学生成为课堂的主体，关注学生的发展。教师要始终作为学生的引导者和启发者，培养学生的创新能力和发散思维。

（二）追求教学效益

教师喋喋不休地一堂课讲下来，如果课堂上睡倒一大片，其教学效果可想而知。教学效益不在于教师的教学时间有多少，而是取决于学生的学习效果。教师要通过改进教学手段、了解学生需求、创设教学情境、建构师生关系来提高教学效益。

（三）制定具体目标

每节课的教学目标都要尽可能具体，只有目标具体，措施才具有针对性，同时也便于检验教师的教学效益。有效教学主张科学地将定量与定性、过程与结果结合起来，全面评价学生的学习成绩和教师的工作成绩。

（四）实施反思教学

优秀教师都有课后反思的好习惯。每堂课结束后，教师都要反思：本节课的教学效果达到了吗？学生有进步吗？学生的学习效率提高了吗？教学有效益吗？教师只有通过不断反思教学效果，不断改进教学方法和手段，才能达到有效教学的目的。

三、有效教学法的保证策略

有效教学的实现，需要采取有效的策略，可以把这称为有效教学的保证策略。当然，也许并不存在某种普遍有效的策略，这更是一个多样化探索的领域。以下从较为宏观的角度，从准备、实施和评价三个方面进行探讨。

（一）准备策略

1.准备策略的内涵

教学准备对教师来说是一项常规工作。教学准备策略主要涉及形成教学方案所要解决的问题。教师在准备教学时，必须解决以下问题：教学目标的确定与叙写、教学材料的处理与准备、主要教学行为的选择、教学组织形式的编制及教学方案的形成等。

2.准备策略的执行

教学准备策略需要考虑多方面的因素，在具体执行的过程中最为关键的是三个方面：学生、学习内容和教学过程。

（1）学生

学生既是教学的对象，也是教学的主体。有效教学的关键在于能够发现学生的需求以及不同学生之间的个体差异。值得注意的是，学生的需求和个体差异往往并不局限于其知识水平，而在于对学习的兴趣上。教师不仅要考虑如何传递知识，还要考虑如何激发学生的学习兴趣。对高校计算机基础教育教学来说，首先是课前准备，了解学生所学专业、技能需求，掌握学生的基本情况、学业成绩、知识水平；其次是课上测验，通过与学生沟通、交流，了解学生的需求，通过智力测验，了解学生的知识结构、能力水平、潜力倾向等。

（2）学习内容

教学内容涉及教什么的问题，这是需要开发或再度开发的。教师是最佳的教学内容的开发者，他们根据学生的知识结构和专业需求对教材进行再度开发，对课程内容作校本化的处理。

（3）教学过程

教学是一个有节奏的展开过程，包括许多具体的环节，是一个相对完整的链条。高校计算机基础教育教学过程的设计要解决以下关键问题：一是明确教学目标；二是要选择适切的教学模式与方法，总的来说，教学模式要先进、教学方法要适当，如信息加工、个性教学、行为控制、合作教学等教学模式都是可供选择的；三是建立良好的对话机制，教学是在师生对话中完成的，传统独白式的教学并不是一种好的教学，通过在课堂教学中学生和教师良好的沟通与交流，激发学生的学习兴趣；四是在知识的传授和技能的训练方面要做到理论准确，使学生打下扎实的理论基础，以不变应万变，从容应对工作后层出不穷的新技术、新问题；五是在课堂控制上要注重时效，所有内容和知识点均以解决实际问题为切入点，要求学生在理解理论的基础上强化动手能力，将知识点转化为解决问题的能力。

（二）实施策略

1.实施策略的内涵

教学的实施是一项挑战性极强的工作。高校计算机基础教育有效教学的实现对实施过程提出了很高的要求。教学实施策略是指教师为实施教学方案而在课堂内外实施的一系列行为。课堂教学实施行为分为主要教学行为、辅助教学行为与课堂管理行为三类。教师在课堂实施的行为按功能划分主要有两种：管理行为与教学行为。课堂管理行为是为教学的顺利进行创造条件，确保单位时间的效益。而课堂教学行为又可以分为两种：一种是直接指向目标和内容的，事先可以做好准备的行为，称之为主要教学行为；另一种是直接指向具体的学生和教学情景，一般是难以预料的偶发事件，事先很难做好准备，称之为辅助教学行为。

2.实施策略的执行

教学实施策略需要考虑既定教学方案在课堂内外各个环节的具体执行问题。

（1）主要教学行为

在具体教学中，理论教学清晰、简洁，教师每堂课利用 5 至 10 分钟讲解本堂课的知识点，在最短的时间里清晰、有效地告诉学生重点和难点。教师在教学过程中一般采用任务驱动法，每堂课给学生布置一项案例任务，学生通过完成案例任务自主学习专业知识。教师通过从案例任务中发现的问题启发学生思考。最后，通过小组互助、学生讲解、教师个别辅导相结合达到完成教学任务的目的。

计算机课程所固有的实训实验是重要的专业学习环节，实训实验的所有项目均为企业的真实项目，区别于其他专业实训，本专业的项目将直接产生商业价值，给学生带来自信与成就感。真实的管理制度与模式也保证了学生的学习效果。真实项目实训让学生在走出校园之前就能具备真实项目经验，这也为学生走向职业岗位打下了可靠的基础。

（2）辅助教学行为

辅助教学行为同样是为教学目标服务的，只是在地位上相对处于次要和辅助的位置，辅助主要教学行为完成教学目标。没有了辅助教学行为，教学本身将变得不完整。例如，云课堂就是一种基于移动互联网技术而形成的辅助教学技术，具体的做法如下：

第一，每堂课教师都会录制授课同步视频，下课后共享到云课堂，方便学生复习，大大降低学生的学习难度。只要有网络和电脑，学生就可以随时随地进入云课堂学习，下载当天专业教师的授课视频，消化当天的课堂内容或者预习新课，既降低了学习难度，又帮助他们养成良好的预习和复习的学习习惯。

第二，丰富的课外拓展资源包。所有内容均存储在云端，最大限度地方便学生查阅、下载和在线学习，是一种真正完全突破时空限制的全方位、互动性学习模式。课外拓展资源包包括教材的再度开发与共享。云课堂充分弥补了传统授课模式的不足，能够让广大在校学生逐步养成自主学习的良好习惯，学习有目标、有方法、有帮手，更有收获，学习生活更充实、更快乐。很显然，这种基于现代教育技术的教学手段的创新将对有效教学的实现产生积极的影响。

（3）课堂管理行为

课堂管理主要是针对学生的学习行为、违纪行为、人格行为进行的。人格问题具有隐蔽性，缺乏职业敏感性的教师可能难以发现，即使发现了，也不知如何处理。但对于学习行为和违纪行为则往往能及时发现、及时处理。以计算机课堂教学为例，课堂管理成为计算机课程有效教学的关键点。在进行计算机课程课堂管理时，教师要充分激发学生的学习兴趣，调动学生的学习积极性。一堂完整的课包括教学目标、学生练习、小组互助、学生讨论和教师点评等许多方面，其中有许多细节都是需要教师管理和引导的。

（三）评价策略

1.评价策略的内涵

教学评价主要是指对课堂教学活动过程与结果做出的一系列价值判断行为。评价行为贯穿整个教学活动，而不只是在教学活动之后。教学评价策略主要涉及学生学业成就的评价与教师教学专业活动的评价。评价是为教师改进教学方法或学生后续学习提供全面而具体的依据。评价的对象和范围突破了学习结果评价的单一范畴，包括对学生掌握知识过程的评价和对教师教学过程的评价等。

2.评价策略的执行

（1）从考试文化向评价文化转变

如何评价学生的学习效果？历来的评价方法就是考试。我们慢慢发现传统的教育模式下培养出来的高分低能学生比比皆是。考试不能完全真实地反映学生的学习效果。考试只是一种评价的手段，但不是唯一的手段。就高校计算机基础教育教学而言，同样迫切需要改变以往的"一考定成绩"的模式，不再设立固定而呆板的期末考试，而是把计算机课程的考核任务分布到每一堂课中，每一堂课都有一个小型的项目任务。学生当堂完成项目任务，教师点评并给出成绩。学生通过完成项目任务巩固当堂所学的知识。每门计算机课程学完之后，学生完成项目任务巩固课程知识。把每一堂课都变成期末考试，充分调动学生的学习积极性，提高学生的学习效果。

（2）及时的教学过程评价

传统的教学评价只重结果而忽视过程。及时的教学过程评价能够帮助教师发现教学过程中存在的问题，从而进行调整，以保证教学走在一条正常的、可靠的道路上。教学过程评价的对象自然是学生的学习结果，这是一种以学生为中心的教学模式。这一模式强调学生是课堂的主体，关注学生学习的深度和效果。

在高校计算机基础教育教学过程评价中，评价结果的呈现方式根据实际需要，可以是书面的，也可以是口头的；可以用等级表示，也可以用评语表示；还可以采用展示、交流等多种方式。

（3）高信度的总结性评价

总结性评价具有终结性，通常是在一门课程结束之后进行的。对总结性评价来说，信度是至关重要的，也就是说它是否是可信的，测出的结果能否真正反映学生的学习程度。期中、期末考试本质上都是总结性评价，一般作为评定学生学业等级的主要依据。在正确的学业成就理念和评价目的的指导下，总结性评价是能够相对合理地了解学生的学业能力水平的。但是，在具体的操作过程中，不能把总结性评价简化为一场期末考试，这样的话，其信度往往难以保证。

第四节 分层递进教学法

一、分层递进教学法的内涵

分层递进教学就是教师要充分考虑班级学生的个体差异，根据共同的教育目标，分层区别对待地设计和进行教学活动，使各个层次的学生向高层次进行递进的教学，以促使每一个儿童都得到最优的发展，它是一种在课堂中实行与各层次学生的学习能动性相适应的、着眼于学生分层提高的教学策略。分层递进教学认为，教学期望与学生学习能力所达到的可能性是教学过程的主要矛盾。正因为学生个体的差异性，所以，应建立一种机制，从而促使各层次学生不断递进，使学生的学习能力与教学期望在不断提高的过程中相适应,成为动态的递进过程。

素质教育强调要关注全体学生,允许学生个性化发展,对于学生之间存在的差异性要高度重视,合理进行评价。新课程提出的课程目标,允许教师根据实际情况因材施教,进行分层教学改革,把学生、教学目标、教学内容等分层,让各层学生选择自己的学习目标,尊重学生个人选择的意愿,达成不同的教学目标。分层递进教学法符合素质教育的要求,既面向全体学生,又注重学生的个别差异;既保障了学生的进步,又兼顾了学生的个体差异。分层递进教学法有效解决了在班级授课制方式下,统一的教学目标要求与学生的学习能力个体差异之间的矛盾。

二、分层递进教学法的实施原则

(一)主体性原则

学生是教学的主体,教学活动的开展就是为了促进学生成长。所以,教师在日常教学活动中应充分发挥学生的主体作用,尽可能地把活动空间、学习时间留给学生,培养他们独立思考、自主学习、合作探究、开拓创新的能力。

(二)差别模糊原则

学生的认知结构、信息处理能力不同,这也是教师实施教学分层的依据。教师可以利用问卷调查、课堂表现、课后访谈和批阅作业等方式了解学生的实际情况,然后根据学生的知识水平、认知能力、学习效率等差异,由学生自主选择分层。分层后,教师要以"异层同组"的方式将学生分组。随着教学活动的开展,教师要根据学生的变化及时调整学生的层次,积极引导和鼓励学生向更高的层次发展。教师对学生的分层是隐性的,不宜公布于众,以免伤害部分学生的自尊心。

(三)零整分合原则

教师上课时,既要有集中的讲解,又要让学生分组学习。学生在小组内自主探究解决问题的方法，相互帮助、合作学习、共同进步，教师在巡视课堂的过程中进行分层次的辅导。课堂教学既是面向全体学生的教学活动，又是建立在个体学习的基础上，使集体授课与个别辅导有机结合，促进学生个性化发展。

（四）调节控制原则

由于学生存在个体差异，各层次学生学习主动性也不一样，因此教师要在课堂上激发学生的学习兴趣，调动学生学习的积极性，调节并控制好各层次学生的学习进度。

（五）激励原则

布鲁纳认为，学生对所学课程有兴趣、有求知的需要，能体验获得知识的成就感，这些就是最好的学习动机。这种学习给学生带来认识和需求上的满足，是自我奖赏的最有效方式以及保持求知欲望的持久动因。因此，教师应采取有效的教学措施激发学生的好奇心和求知欲，然后根据学生的学习需求，制定合适的奖励机制，让学生体验成就感，树立自信心。

三、影响分层递进教学法在课堂实施的因素

在实际的计算机课堂教学中，影响分层递进教学法实施的因素有很多，如校风和班风的影响、教师对学生的评价以及学生自身的心理素质等。在诸多因素中，影响最大的因素是教师对学生的评价。教师和学生是课堂的主体，师生之间的互动就是课堂活动。因此，师生关系在很大程度上影响着课堂教学效果。事实上，教师的期望对学生来说是一种无形的力量，它对学生的学习积极性产生重要影响。在班级中，成绩优异的学生更有成就感，学习上也就更加努力，积极主动，教师对他们的期望也更高，更加关爱他们，这就促使成绩优秀的学生更加自信和努力，表现更为突出，也更愿意朝着教师期望的方向努力，从而形成一个良性循环。而成绩较差的学生，教师对他们的期望较低，对他们的态度也较为消极，这些信息都会或多或少地传递给学生，导致他们学习的积极性受影

响，自信心和自尊心受挫，反应不够灵活，思维显得迟钝，从而形成一个恶性循环。师生关系既是影响学生心理发展的重要因素，也是影响分层递进教学法在课堂实施的主要因素。师生间应建立民主、平等、互相关爱的关系，教师应关心、爱护学生，学生应尊敬教师，师生之间相互尊重。

第八章　计算机软件课程设计

当前各学科对计算机应用的要求越来越高，传统的计算机软件课程设计已经不能满足需求。本章主要对常见的计算机软件课程设计进行分析与论述。

第一节　基于多软件融合的
计算机设计课程建设

通识选修课既可以作为现有计算机基础课程的补充，也可以为计算机基础教学的改革与创新探路，计算机设计应用正是在这样的前提下开设的一门通识选修课。课程保留传统教学模式中的优势，结合以学生为主体的协作学习方法，形成一种创新导向的混合教学模式。同时，优化课程的内容，以计算机设计为主要培养方向；完善教学资源，做好资源的建设和共享；建立规范的学生评价体系，重视对教学过程的评价。在计算机设计课程的实践教学中，新的教学模式取得了良好的教学效果，学生学习的积极性得到了显著提高。

我国高等学校计算机基础教育是面向高等学校中非计算机专业学生的计算机教育。随着信息技术的不断发展和创新，以互联网和大数据为技术支撑的新型教育模式层出不穷，大规模网络开放课程、微课和翻转课堂等新的教学模式呈现百花齐放的态势。技术的进步固然促进计算机基础教育的发展，但是在教学内容与形式的配合、在教学的实践环节与实际应用相结合等方面还缺乏深度的思考和探索。

当前大学计算机基础课程在以下几个方面存在的问题尤为突出：①教学内容陈旧，

跟不上软件更新的速度；②教学模式虽然多样，但课堂教学效率低下；③教学资源局限于教材和校内平台，内容缺乏系统性和创新性；④对学生的评价以考试为主，重视考试结果，而忽略对教学过程的评价。

本节旨在探索一种基于多软件融合的计算机设计课程新模式，作为大学计算机基础课程的延伸和补充。从供给侧为学生提供计算机设计领域的系统性知识和创新性实践。为计算机实践教学模式的改革与创新提供一种新的思路。特别是随着大数据时代的来临，数据可视化成为很多学科进行数据分析和成果展示的一个重要手段，使得计算机设计的应用更加广泛。

一、教学内容的创新

（一）课程内容

计算机设计目前是一门通识选修课，作为大学计算机基础的后续课程，面向全校本科生开放。薛桂波认为，合理的通识教育实践必然不是针对学生某一方面素质的培养而开展，也必然不是仅仅通过教育的某一种形式所能够完成，它需要着眼于学生的全面素质的发展。在课程内容的选择上，不拘泥于一个软件，只要是与计算机设计相关的软件都可以纳入授课范围。课程以 PowerPoint、Photoshop 和 Flash 软件为主体，不追求全面讲授软件的功能，而是紧密围绕计算机设计这一主题，选取软件中与设计关系最密切的功能进行讲解。对于不同软件的讲授，采取不同的策略，抓住每个软件的优势，强调软件配合使用，重点培养学生发现问题、解决问题的能力。

（二）主讲软件

PowerPoint 非常适合做计算机设计的入门软件，因为它普及性广，操作门槛低。该软件作为课程讲授的第一个软件进行详细讲解。新版 PowerPoint 的功能日趋丰富，对设计提供的支持越来越强，完全可以满足学生进行计算机设计的基本要求。教师在讲授 PowerPoint 操作的同时，也要向学生渗透一些设计的基本理念，平面构成、立体构成和色彩构成等。Photoshop 作为专业的数字图像处理软件，其主要优势在于像素图像的处理，功能强大的滤镜库可以生成逼真的渲染效果。教师可选取一些材质特效的案例，如泼水效果的图片合成制作，同时在例子中穿插抠图调色等常用操作。Flash 既是一个矢量动画制作软件，同时也可以作为平面设计的辅助工具。辅助设计时，它的优势在于矢量图形的制作和曲线图形规律运动的生成。这部分课程主要包含静态矢量图绘画和位图转制图等内容。教师在讲解这三个软件时，应同时介绍它们如何配合使用。例如，用 Photoshop 和 Flash 都可以制作背景透明的 PNG 格式图像，这样的图像文件可以作为元件直接插入 PowerPoint 中。

（三）辅助软件

课程内容并不局限于上述三个软件，还包括数据可视化的一些新的工具和方法。例如，在讲解 PowerPoint 的文字效果时，同时也包括在线文字云生成工具 Tagul 的使用。用 Tagul 生成的文字云既可以用来做 PowerPoint 的标题，也可以用来做 PowerPoint 作品的背景。实验难度的设置保持一定梯度，引导学生层层深入。例如，教师在讲解PowerPoint 的图表功能模块时，首先介绍 Excel 中基本图表的制作，然后开发 PowerPoint 的手绘图表，最后引入网络在线平台"魔镜"作为大数据图表的生成手段，三个例子的难度逐步递增。

二、教学模式的构建

（一）模块化教学

采用什么样的教学模式，不是因为这种模式多么新颖或先进，而是因为这种教学模式更适合学生，能够提高学生的学习效率，适合学生的教学模式才是最好的。课程目前采用的教学模式是一种以创新为导向的混合教学模式。由于内容的复杂和多样，为了提高课程的教学质量，合理分配教师的工作量，课程采用模块化教学，即每位教师只讲授自己最擅长、最精专的软件。这样的教学安排降低了教师备课的工作量，同时，教师可以持续关注和研究自己擅长的领域，为学生带来关于软件的前沿知识。

（二）混合教学模式

打破课程的封闭状态，改变教师向学生的单一传授方式，克服实际存在的"讲述症""静听症"，走向开放互动，是我国大学课程建设的一个发展趋势。混合教学模式强调教师与学生之间的互动，把创新性设计项目作为作业布置给学生，引导学生在创新的过程中学习。学生在教师讲授的基础上自学，然后在课堂上分享软件的使用心得。鼓励学生通过帮助教师丰富教学资源来辅助教学。这样的模式允许学生自主规划学习内容和学习节奏，能够更好地激发学生学习的兴趣。另外，混合教学模式强调多软件的融合，鼓励学生小组合作完成设计项目。学生在合作完成项目的过程中协作学习。小组内的学生有各自擅长的软件，当发现问题时可以尝试用不同的软件解决问题，从而发现软件之间的差异，取长补短。

三、教学资源的组织

（一）教学资源的分类

教学资源是课程非常重要的基础性材料，丰富的教学资源可以为学生学习提供更大的自由度。计算机设计课程涉及的教学资源主要包括以下几个方面：①在线慕课的系统知识，以及丰富的微课类小教程；②包含软件系统知识和设计理念的专业书籍、电子书及网络电子教程；③设计原料，包括高清图片、图标、声音等素材文件；④软件安装包、辅助工具和插件的安装文件。

（二）教学资源的使用

对于上述教学资源，既要教学资源的容量大、覆盖面广，又要考虑学生的学习时间，提高单位时间内的效率。这就需要对教学资源的存储和使用进行规划性的安排和组织。教师可以在基于大数据的教学环境下获取教学资源，并充分利用云计算提供的软件、存储、安全等技术，为学生的个性化学习提供便利。

课程采用百度云作为教学资源的存放平台，考虑到在线网盘的容量足够大、安全性高，同时又便于发布和分享。在教学资源的使用上，首先要经过教师的筛选和甄别，然后推荐给学生，学生根据自身的兴趣，结合对课程内容的掌握情况选择性使用。学生在学习的过程中发现新软件或方法、技巧也可以推荐给教师，由教师纳入已有的教学资源库，这样便形成了一个活的教学资源库。

四、学生评价和激励体系

（一）评价的构成

学生评价体系应该是一个全面的、综合的评价体系，评价应该涉及学生学习活动的各个方面。评价体系的功能是与教学的过程达成互动，使得教师对学生、学生对自己有准确的认识，激励学生完成教学内容的学习。学生的评价和激励是教学活动的两个重要组成部分，是相辅相成的。学生的评价包括以下几个方面：①对学生自学能力的评价；②对学生获取和使用网络资源能力的评价；③对学生在小组合作中团队协作能力的评价；④对学生学习效果和创新能力的评价。

（二）评价的标准

对于以上内容的评价，采用学生自我评价与教师评价相结合的方式，不仅要重视教学结果，更要重视教学过程。制定详细的评价指标，保证评价的可操作性。

（三）评价和激励的意义

通识教育强调创造性学习，注重培养学生独立思考、主动获取和应用知识信息的创新能力。课程作业采取学生自主选题、小组合作的形式完成，充分发挥学生的主动性，锻炼学生的创新能力。此外，鼓励学生参加计算机设计类竞赛和大学生创新创业项目，作为课堂的延伸和扩展，增加学生的实践经验。

实践证明，计算机设计可以作为计算机基础教学改革的一个着力点，为计算机基础教学改革探明方向。目前，计算机设计课程建设还处于不断探索和改进的过程中，在未来的教学中，考虑引入线上的慕课资源与线下的课堂教学相结合，从而带给学生更好的学习体验。

第二节　计算机专业软件工程课程设计的改革与实践

独立学院已经成为我国高等教育的重要组成部分，每年招生规模占本科招生规模的三分之一。但是，独立学院计算机专业的毕业生却面临着尴尬的局面：一方面，是被列为国家需求最大的 12 类人才之一；另一方面，计算机专业近年来却被列为失业或离职专业前五名。究其原因，就是独立学院计算机专业的学生所学知识与实践有较大的脱节，不能满足 IT 企业对人才专业技术和综合素质的要求。

一、软件工程课程设计的教学目的

软件工程课程设计是为计算机专业软件工程课程配套设置的，是软件工程课程的后继教学环节，是一个重要的、不可或缺的实践环节。软件工程课程设计的教学目的是使学生能够针对具体软件工程项目，全面掌握软件工程管理、软件需求分析、软件初步设计、软件详细设计、软件测试等阶段的方法和技术。在该课程的设计过程中，教师应力求使学生较好地理解和掌握软件开发模型、软件生命周期、软件过程等理论在软件项目开发过程中的意义和作用，培养学生按照软件工程的原理、方法、技术、标准和规范进行软件开发的能力，培养学生的合作意识和团队协作精神。

二、教学模式的改革

当今软件开发技术发展迅猛，新技术不断涌现，一些开发技术被逐步淘汰。因此，在进行课程设计时，我们也应该与时俱进，让学生通过该门实践课程，了解当今主流的开发技术，熟悉相关的开发平台。在以往的教学中，教师主要是基于 C/S（客户/服务器）模式开发信息管理系统，随着因特网技术的发展，出现了 B/S（浏览器/服务器）模式，在 B/S 模式下，客户端不需要安装其他软件，通过浏览器就能访问系统提供的全部功能，并且维护和升级的方式简单、成本低，已经成为当今应用软件所广泛使用的体系结构。因此，教师在教学过程中一般会选择基于 B/S 结构开发的 Web 应用程序。

开发 Web 应用的两个主流平台是 J2EE 平台和.NET 平台。J2EE 平台使用 Java 语言，.NET 平台使用 C#语言，这两门语言都是面向对象的。在课程设计过程中，我们提出基于多平台进行 Web 应用系统开发的新模式，通过对比学习法，熟悉两大主流企业级应用平台。

在开发过程中，我们要求学生采用以上多平台进行开发，采用 MVC 设计模式和多层架构来实现，锻炼学生的设计能力。另外，采用团队开发的形式锻炼学生团队协作的能力。

（一）专业知识的综合应用

学生已经学习了 C 语言程序设计、面向对象程序设计、数据库原理与技术、数据结构、Java 语言程序设计、C#程序设计、Web 数据库开发、软件工程等选修课程，我们提出的多平台 Web 应用开发新模式就是综合应用这些专业知识，使学生在系统设计开发过程中将这些课程融会贯通。

（二）MVC 模式的应用

模型-视图-控制器（Model-View-Controller, MVC）是国外用得比较多的一种设计模式。MVC 包括三类对象：模型（Model）是应用程序的主体部分，模型表示业务数据或者业务逻辑；视图（View）是应用程序中与用户界面相关的部分，是用户看到并与之交互的界面；控制器（Controller）的工作就是根据用户的输入控制用户界面数据显示和更新 Model 对象状态。MVC 不仅实现了功能模块和显示模块的分离，同时还提高了应用系统的可维护性、可扩展性、可移植性和组件的可复用性。

（三）多层架构的设计

传统的两层架构，即用户界面和后台程序，这种模式的缺点是程序代码的维护困难，程序执行效率较低。为了解决这些问题，可以在两层中间加入一个附加的逻辑层，甚至根据需要添加多层，形成 N 层架构。例如，三层架构就是将整个业务应用划分为表现层、业务逻辑层、数据访问层。表现层是展现给用户的界面；业务逻辑层是针对具体问题的操作；数据访问层所做事务直接操作数据库，针对数据的增加、删除、修改、更新、查找等。目前，在企业级软件开发中，一般采用的是多层架构的设计。

三、实施的要求

软件工程课程设计要求学生采用项目小组的形式，每个班级安排一名指导教师，指导教师指导学生的选题，解答学生在实践过程中遇到的相关问题，督促学生按计划完成各项工作。每个项目小组选出项目负责人或项目经理，由项目经理召集项目组成员讨论、选定开发项目，项目的选定必须考虑范围、期限、成本、人员、设备等条件。项目经理负责完成可行性研究报告，制订项目开发计划，管理项目并根据项目进展情况对项目开发计划进行调整。此外，每个项目小组还必须按照给定的文档规范标准撰写课程设计报告。最后的考核成绩由指导教师根据项目小组基本任务完成情况、答辩情况、报告撰写情况综合评定。

第三节 敏捷软件开发模式在计算机
语言课程设计中的应用

计算机语言课程设计是各大工科院校自动化及相关专业的必修实践环节,一般安排在计算机语言类课程之后开设。学生通过 2~3 周的编程集训,完成一个小规模的软件设计,体验软件的开发周期,从而获得软件开发综合能力的提高,为后续专业课程的学习奠定编程基础。

近年来,企业对本科毕业生的要求越来越高,本科毕业生不仅要有扎实的专业功底,而且要具备较强的计算机应用、软件开发、创新和团队合作等综合能力。而且,团队合作能力越来越受到企业的重视。因此,高校应根据现代企业和社会的需求进行人才的全面培养。作为计算机语言课程设计的带队教师,应在教学过程中不断探索新的教学方法,寻求新的编程训练模式。

一、计算机语言课程设计的教学现状

目前,一部分高校开设的计算机语言课程设计实践课历时两周,主要训练学生进行 Windows 程序的开发,编程语言由学生根据自己的情况选择。课程设计的题目分为两类,一类由带队教师自己拟定,另一类由学生自己拟定。教师拟定的题目大多结合生活实际,且带有难度系数,最终以题目库的形式呈现给学生,学生可根据自己的情况选题。考虑到有的学生对题目库中的设计题目不感兴趣,允许学生根据自己的兴趣自拟题目,但是要得到教师的许可。这样,学生才能真正体验到开发程序所带来的快乐,计算机综合能力也会得到相应的提高。

经过多年的教学实践探索,计算机语言课程设计实践虽然取得了一定的成绩,也得到了学生的认可,但是还存在一些不足之处需要改进。首先,每个设计题目均指定单个学生独立完成,学生从查阅资料到完成程序设计的整个实践过程中同学间的交流、合作机会少。其次，带队教师很重视对学生计算机编程能力的培养，但是忽视了团队合作能力的培养。

分析上述的不足之处，可以看出以往的教学模式不利于学生团队合作能力的提高。因此，需要提高教学质量，令学生既能体验最流行的编程模式，同时又能在实践过程中培养创新能力、团队合作能力，让学生在团队互动的实践过程中得到锻炼。

二、敏捷软件开发模式

（一）敏捷软件开发模式的兴起

敏捷软件开发模式是从 2001 年 2 月开始兴起的软件开发模式，属于轻载软件开发模式。因为它的开发效率高于重载软件开发模式，已成为全球流行的软件开发模式。2010年 12 月 10 日，中国敏捷软件开发联盟正式成立，从此，国内的软件界也加入了敏捷软件开发模式的行列。

敏捷软件开发模式有一个突出的优点——非常重视团队合作。该开发模式有很多子方法，如极限编程、特性驱动开发、水晶方、动态系统开发等，每个子方法中都内含了团队编程。和传统的软件开发方法不同，敏捷软件开发的团队成员在每天开始工作前，都要进行一次集体的、面对面的讨论与交流。所以，为了保证整个开发过程的顺利进行，团队的每个成员要学会主动和他人交流。

（二）敏捷软件开发子模式的选择

在所有敏捷软件开发的子模式中，开发团队一般为 5～6 人。如果在计算机语言课程设计中规定 5～6 名学生组建一个编程团队，那么肯定有些学生会变得不主动。

仔细研究敏捷软件开发的子模式，发现极限编程中的结对编程方法非常适合小规模团队的编程训练。这种编程模式通常由两个学生组成一个编程小组，在同一台计算机前共同完成一个软件的开发。具体分工：一个学生负责写代码，另一个学生负责检查代码的正确性。在开发过程中，负责输入代码和检查代码的角色可以根据需要灵活调换。在整个编程过程中，一旦发现语法和运行错误，须及时讨论并调试。

在计算机语言课程设计的实践过程中采用结对编程这种敏捷方法，相对于以往的训练方式，是一种新的教学方法。这种方式既可以提高程序的开发效率、缩短代码的开发周期，又有利于营造良好的学习氛围。

三、敏捷软件开发模式在计算机语言课程设计中的应用步骤

（一）组建团队

在课程设计开始之前，首先要组建团队，即结对。在组建团队时，教师不强行指定，而是让学生本着自愿结对的原则，这样形成的小团队才是最有潜力的团队。在接下来的两周时间内，结对的学生将在整个课程设计过程中共同完成软件的前期调研、设计开发、调试和成果答辩汇报等。学生将在所选项目的开发过程中，学会如何发现问题、共同分析问题和解决问题，同时提高自身的项目分析能力、创新思维能力和合作交流能力。

（二）选题构思

结对以后，小组成员要通过初步讨论进行选题和方案构思。如果学生对题目库中的题目不太感兴趣，允许学生根据自己的兴趣拟定题目。待题目确定后，继续查阅资料、调研，设计方案。如果两个人对设计方案意见不一致，则需要进一步沟通、交流，必要时请老师参与讨论。在整个选题构思过程中，学生都处于主动地位。

（三）具体实践

这一阶段，结对的学生要根据第二步的设计方案开始编程。按照经典的结对编程流程，两个学生须在同一台计算机前一起编程。由于在本课程设计开设之前，学生从没有经过系统的软件开发训练，所以在课程设计的过程中，不能照搬经典的结对编程流程。我们为每个结对组配备两台计算机，结对的双方要合理地利用两台计算机：一台用来显示资料和代码实例；另一台主要用来结对编程实现。这样，整个代码的开发仍在一台计

算机上完成，负责输入代码的学生要保证代码输入的快速性，负责校验代码的学生要保证代码的正确性。编程中如果遇到了不懂的地方，可以利用另外一台计算机随时进行资料查阅和代码实例的比照。在整个编程实现的过程中，结对编程的两个人要相互信任、互相督促，共同学习编程的技能，这样编程能力弱的学生也能在结对过程中学到编程的方法，共同完成团队的任务。

在整个实践阶段，为了掌握学生编程的进度，带队教师将以客户的身份全程参与到每个结对小组的实训中。建议每个小组在开始一天的工作前，开会决定当天的任务并做成计划文档；每天的工作完成后，需将当天的编程结果给带队教师看，教师会根据每天的进展对每个结对小组当天的结果提出反馈的意见和改进的要求。

（四）检查与提交

具体实践完成后，结对小组邀请教师检查已完成的软件。通常，带队教师先检查代码的正确性，保证程序能顺利运行。然后，教师从使用者的角度检查软件是否符合设计要求。如果发现问题，则再次讨论修改，直到通过教师的认可方可提交代码。

（五）考核

作为一门实践课，成绩考核是非常重要的，不能光靠最后提交的程序评定成绩，这样就会造成成绩的不公平。采用了敏捷软件结对开发模式后，由于带队教师全程参与了各个小团队的开发过程，掌握了每个团队成员的平时表现，设计成绩由程序运行情况（40%）、答辩情况（10%）、平时表现（30%）和报告文档（20%）四部分组成。

第九章 计算机教学的实践创新研究

在互联网背景下，人们的生活及工作与计算机应用越来越紧密，计算机技能成为当下社会人才所必须具备的一项基本技能。因此，必须提高高校计算机教学质量，为社会输送更多计算机领域的人才。

第一节 网络资源在计算机教学中的应用

在高校计算机教学中运用网络资源，可以对教学资源进行补充，提高教学质量。实践证明，学生运用网络资源创设的学习情境可以更好地掌握计算机的知识和操作技能，提升学习效率和学习效果。因此，教师要注重网络资源的运用。基于此，本节分析了网络资源在高校计算机教学中的应用。

网络资源在高校计算机教学中得到广泛应用，可以有效激发学生的学习兴趣和学习积极性，让学生逐渐养成利用网络资源学习的习惯，这也是计算机教学的任务之一。在计算机教学中运用网络资源可以创新教学模式，提升教学的有效性。所以，教师要合理地运用网络资源，促进计算机教学深入发展。

一、网络资源在计算机教学中应用的优势

首先，网络资源具备很快的更新速度，和其他的传播媒体相比具有显著的优势。计算机信息技术也要进行更新，且要借助快速更新的网络信息。网络资源的实效性较强，能够展现出不同学科或是科研方面的最新资源和动态变化，让学生快速了解最新知识，

明确学习的相关情况，如学习内容、学习时间及学习进度。在高校计算机教学中有选择地运用网络资源，可以打破传统的教学模式，丰富教学资源。

其次，教师能够通过不同的方式对学生实施指导，运用网络资源制作有关的教学知识或者是专业知识，对学科的最新知识进行整合，进而及时地对教学资源进行补充和更新。学生在学习中遇到问题能够通过网络向教师请教。当前，很多高校都构建了自己的网络信息资源库，师生通过多样化的技术可以不受时空限制获取网络信息资源。

最后，网络资源可以多方向地传递信息数据，打破时空限制。网络资源教学能够结合不同学生的学习情况，有针对性地制订学习计划。

二、网络资源在计算机教学中应用的策略

（一）构建远程教育模式

构建远程教育模式能够展现教育体系的多样化发展。该模式基于计算机软件，教师和学生可以隔着计算机屏幕对话，把教学资源转化为网络资料对学生进行教育及指导。其优势就是能够有目的地进行教学，对学生的教学存在专一性。当前，这一教学模式已经得到广泛运用。教师的教学不受时间和空间的限制，能够具体讲解不同类型的计算机操作方法，让更多的学生学习这方面的知识。

（二）构建立体的计算机教学网络

通过运用网络资源，教师能够建立健全计算机教学网络，通过网络沟通以及专业性网络资源能够帮助学生提升学习的目的性。比如，有的学生在实际操作中，有些操作技术并未掌握或是忘记了操作步骤，学生就不用请教教师，直接通过观看网络资料就可以学习操作的步骤。网络资源能够通过目的性、专业性的资源学习，帮助学生巩固学习到的知识，这是教师课堂教学实现不了的。

（三）网络资源与教材相结合

过去，教师在计算机教学中主要的依据是课本，然而，在信息高速发展的现代，教师需要利用网络资源满足教学发展的需要。当前是信息时代，网络技术的发展能够解决教材资源滞后、教材资源不足等问题。教师可以搜集优质的教学辅助资料，结合教材开展教学。例如，在"Java 编程语言"的教学中，教师就可以运用网络教学方法，结合教材实施教学，把资源分享到平台上，让学生课后也能学习，从而提升学生的学习效率。

（四）实行个性化管理

教师运用计算机网络进行教学，要结合各层次学生的情况，实施分层教学以及管理。网络教学并非教师完全不管，还是需要教师有计划的提供指导，进而提升学生的学习效率。所以，教师运用网络资源教学，需要结合各种类型的学生，有针对性地制定教学策略，促进学生的个性化发展，更好地实现教学目标。

（五）开发专业学习软件

可以通过网络资源开发有关的专业计算机学习软件，给学生的自学提供平台，提升学生的专业能力，还能够对学生的基础性语言交流能力进行培养。教师要合理监测学生的学习情况并以此为依据为学生提供个性化的辅导。此外，在学生自学中，教师适当的讲解也很重要。

（六）创设虚拟的办公环境

办公自动化课程就是让学生能够适应未来办公的要求，各项工作的环境都不一样，所以，在办公自动化教学的过程中，教师就要创设虚拟的办公环境，让学生在学校环境下提前感知工作环境。比如，为了辅助领导举行重要会议，模拟秘书需要用到的办公自动化知识和技能，还要做好有关的准备工作，如快速准确地录入汉字、编辑和排版 Word 文档、办公文件分类整理、设计和演示幻灯片、制作电子表格等，熟练运用常用的办公软件以及设备。通过设计这项活动，可以全面地对学生的办公软硬件运用情况进行考查。

此外，真实的情境可以激发学生的学习兴趣和学习热情。

（七）创建作业系统

计算机学科具有较强的操作性，对学生的操作实践能力提出了较高的要求。所以，只通过笔试考核，无法全面考查学生的操作实践能力。因此，教师就需要改变考查方式，加强对学生操作实践能力的考查，通过创建作业系统，给教师批改操作型作业提供平台，学生登录作业系统就能够完成教师布置的操作内容，系统能够自动记录学生的操作步骤，教师能够及时对学生的作业进行批改，及时向学生反馈批改结果，真正促进学生操作实践能力的提升。

综上所述，网络资源在高校计算机教学中的运用具有显著的优势，教师需要采取有效的措施合理运用网络资源，激发学生的学习兴趣，提升学生的学习效果，通过网络资源的辅助，让学生更好地学习计算机知识及技能。

第二节　虚拟技术在计算机教学中的应用

在高校计算机教学中，应用虚拟技术满足了多元化的教学要求，降低了教学成本，提高了教学效率。本节主要分析了虚拟技术在高校计算机教学中的应用优势，探讨了虚拟技术在高校计算机教学中的具体应用。

近年来，社会对高科技人才的需求愈发迫切，而高校承担着为国家培养和输送优秀人才的责任，因此，加快高校计算机教学改革，积极应用虚拟技术提高计算机教学质量，培养计算机专业领域人才势在必行。虚拟技术是一种被广泛应用的计算机技术，在高校计算机教学改革中应用虚拟技术，模拟构建科学实验平台，为学生提供实践操作机会，降低成本投入，推动了计算机教学的改革。

一、虚拟技术的内涵

虚拟技术是一种集多媒体技术、传感技术、网络技术、人机接口技术、仿真技术等多种技术为一体的计算机技术，是仿真技术的重要发展方向，是具有挑战性的交叉技术。虚拟技术以计算机技术为核心，集合多种技术，共同生成逼真的虚拟环境，用户借助传感设备进入虚拟环境，与相应对象进行交互，产生与真实环境相同的体验。

虚拟技术具有诸多特征，如交互性、沉浸性、多感知性。交互性是指用户从虚拟环境中得到反馈信息的自然程度，以及虚拟环境中被操作对象的可操作性。借助数据手套、头盔显示器等传感专业设备，用户在虚拟环境中与操作对象进行交互，计算机可以根据人的自然技能实时调整系统图像、声音，从而让用户获得一种近乎在现实环境中的真实感受体验。而沉浸性则是指计算机虚拟技术模仿的现实事物过于逼真，从而让用户产生面对真实事物、处于真实场景中的感受，变为直接参与者，用户仿佛成为虚拟环境的组成部分，导致其沉浸其中。至于多感知性，则是借助传感装置，虚拟系统对感知觉的反应，在虚拟环境中让用户获得多种感知，产生身临其境的感觉。

二、虚拟技术在高校计算机教学中的应用优势

随着信息技术的飞速发展，高校计算机课程内容也在不断更新，操作性和实践性也在不断提高，这就要求理论与实践紧密结合。随着社会对计算机领域优秀人才的需求与日俱增，高校计算机教学应加快改革创新，合理选择教学模式。

在高校计算机教学中应用虚拟技术，利用其交互性、沉浸性、多感知性创建良好的教学环境、营造良好的教学氛围，从而提高计算机教学质量。在高校计算机教学中，通过虚拟现实技术的软硬件系统可以为学生创建逼真的虚拟环境，刺激学生的多种知觉，让学生处于兴奋状态，有效激发学生的学习兴趣，吸引学生的注意力。

此外，借助专业传感设备加强虚拟环境中师生、学生之间的交互性，教师可以及时、有效地处理和加工学生的反馈信息，加强师生的互动交流，构建教学氛围更融洽的虚拟

教学环境，激发学生学习的积极性。在高校计算机教学中应用虚拟技术，还能加强学生的合作交流，让学生在虚拟环境中互相探讨、合作，共同解决学习问题，深化对计算机知识的理解，同时也方便教师对学生学习情况的观察、了解，可以及时纠正学生的错误并实时参与到学生的合作交流中，从而更好地引导学生，激发学生的潜能，提高课堂教学质量。

三、虚拟技术在高校计算机教学中的具体应用

计算机课程无疑是一门实践性极强的课程，教师在讲述理论知识后，还会带学生到计算机实验室结合计算机进行操作，让学生在实际操作中深化理解所学的计算机理论知识。但是，这种教学模式依然存在弊端，学生在起初就对过于抽象的计算机理论知识感到困惑，难以产生深刻的认识，进而直接影响后面的实践教学质量。

在计算机理论教学中，教师应积极应用虚拟技术，借助虚拟现实系统将抽象的理论知识形象化、具体化，结合多种媒体表现形式，增强课堂教学的交互性和沉浸感，让学生可以更加直观、清晰地认识所学知识。

例如，教师在讲解计算机结构和组装过程的相关知识时，通过简单的文字和图片难以将知识直观传递，而教师带领学生到实验室进行操作实践，虽然可以让学生切实感受到计算机结构和组装过程，但由于时间不充裕，教师无法对每个学生进行现场指导，学生只能按照自己的想法实践，这无疑导致学生的一些问题难以解决，存在学习障碍。而利用虚拟技术，将图片、声音、动画等有机结合，制作生动的教学课件，加强交互性，让学生沉浸其中，满足学生多角度学习、实践的需求，营造逼真的教学环境，深化学生对所学计算机知识的理解。

在操作课程教学中，教师可以利用虚拟技术，结合 3Ds Max 制作 VR 课件，通过逼真的课件加深学生的印象，使其对原理产生深刻的理解。例如，常见的数据结构算法思想较为抽象，单纯的数据结构讲解、算法演示难以让学生快速掌握，教师可以利用虚拟技术处理将抽象的算法过程直观呈现，方便学生理解。又如，教师在讲解信息编码时，

教师可以利用虚拟技术制作一些游戏案例，将信息编码、二进制、十进制等基本概念融入其中，通过设置问题激发学生的学习兴趣，促进学生主动探索。

在高校计算机实验教学中，应用虚拟技术可以生成相关的实验系统、实验仪器设备、实验室环境、实验对象，以及测试、导航等实验信息资源，可以虚拟出构想的实验室，也可以模拟现实的实验室，打破实际教学中物力设备的限制。例如，在计算机操作系统安装、调试实验教学中，教师可以通过 VMware 软件创建一台具有独立硬盘、独立操作系统、独立运行的虚拟机，在它上面进行实验操作，即便出现问题也不会影响其他虚拟机和物理机，能有效降低教学成本，保护现实的计算机。此外，还可以根据不同需求为虚拟机安装不同的操作系统，实现一机多用，满足计算机实验教学多种要求。不同于传统物理网络实验室，虚拟机具有良好的隔离性和独立性，且在使用虚拟机的过程中，每个学生都是管理员身份，使得学生产生设计的上机体验。

虚拟机具有良好的独立性，当配置设定之后，不会受到其他虚拟机的影响，也不会对其他虚拟机产生影响，因此，适应性更强，可以根据不同的计算机实验教学要求随时改变虚拟机配置，使得资源分配更加合理，在满足各种计算机实验教学要求的同时节省物理机的配置，降低教学成本。

在高校计算机教学中，虚拟技术应用得越来越广泛，将其应用在计算机理论教学中，能够将抽象的计算机理论知识直观化、生动化展示，营造真实的情境，促进学生理解和掌握。在计算机实验教学中，能够根据不同计算机实验教学的要求，创设独立性和隔离性良好的虚拟机。

参 考 文 献

[1] 安宏伟. 高校计算机机房软件维护管理的探索[J]. 无线互联科技，2012（7）：125.

[2] 曹为政. 计算机软件安全问题的分析及其防御策略研究[J]. 中国新通信，2018（17）：158.

[3] 邸凤英，李锋. 软件项目维护成本估算模型研究[J]. 计算机应用与软件，2012（12）：166-170.

[4] 范文学. 试析计算机软件开发设计的难点和对策[J]. 软件，2013（08）：135-136.

[5] 回宇. 基于创新能力培养的高职计算机教学改革探析[J]. 科学与财富，2014（8）：360.

[6] 李丹，刘思维. 浅谈服务器的硬件维护与软件维护[J]. 华章，2012（33）：331.

[7] 李虎. 中职计算机教学过程中学生创新能力的培养[J]. 华章，2014（15）：195.

[8] 李禄源. 计算机教育教学中创新能力的培养[J]. 时代教育，2014（8）：40.

[9] 奇葵. 分析计算机软件安全问题及其防护策略[J]. 计算机光盘软件与应用，2017（22）：20-21.

[10] 尚剑峰. 浅谈计算机网络教学中创新能力培养的探索[J]. 数字化用户，2014（6）：134.

[11] 石彬. 改革计算机实验教学，提高学生创新能力的研究[J]. 计算机光盘软件与应用，2013（20）：212.

[12] 殷卫莉，宋文斌. 基于综合素质与创新能力的高职计算机实验教学[J]. 职教论坛，2010（8）：41-42.

[13] 张伟佳，张雨，师依婷等. 浅谈计算机软件安全检测的问题研究及检测实现方法[J]. 电脑迷，2018（08）：55.